Dortmunder Beiträge zur Sozialforschung

Reihe herausgegeben von
Ellen Hilf, Dortmund, Deutschland
Hartmut Hirsch-Kreinsen, Darmstadt, Deutschland
Ronald Hitzler, Dortmund, Deutschland
Jürgen Howaldt, Dortmund, Deutschland
Gerhard Naegele, Dortmund, Deutschland
Monika Reichert, Dortmund, Deutschland

Vor dem Hintergrund sich verschärfender sozialer Risiken und demografischer Herausforderungen sowie einer beschleunigten Veränderungsdynamik in Wirtschaft, Gesellschaft und Kultur wächst ganz offensichtlich das Bewusstsein eines nur eingeschränkten Problemlösungspotenzials etablierter Steuerungs- und Problemlösungsroutinen. Je weiter Gesellschaft, Wirtschaft, Kultur, die natürliche Umwelt, die Arbeits- und Lebenswelt von technischen Innovationen durchdrungen und in hohem Tempo umgestaltet werden, umso mehr gewinnen soziale Innovationen an Bedeutung und öffentlicher Aufmerksamkeit. Mit dem verstärkten Fokus auf soziale Innovationen tritt aber die mit den Sozialwissenschaften verbundene Reflexions- und Gestaltungskompetenz stärker in den Vordergrund. Zu einer der aktuell wie künftig zentralen gesellschaftlichen Gestaltungsaufgaben gehört der demografische Wandel. Seine Auswirkungen sind vielschichtig. Neben der Bevölkerungsstruktur betreffen die Veränderungen den Arbeitsmarkt, die kommunale Infrastruktur, die Gesundheitsversorgung und das soziale Zusammenleben in der Gesellschaft. Die Dortmunder Beiträge zur Sozialforschung versammeln wissenschaftliche Publikationen, die sich mit den damit verbundenen Fragen auseinandersetzen. Die Herausgeber/innen repräsentieren mit der Sozialforschungsstelle Dortmund und der Dortmunder sozialen Gerontologie an der Technischen Universität Dortmund zwei traditionsreiche Einrichtungen und Standorte sozialwissenschaftlicher Forschung in Deutschland. Sie bilden zugleich einen wichtigen Bestandteil der an der TU Dortmund vertretenen Sozialwissenschaften.

Weitere Bände in der Reihe http://www.springer.com/series/12497

İsmail Tufan

Langlebigkeit in der Türkei

Empirische Befunde gerontologisch interpretiert

Mit einem Geleitwort von Prof. Dr. Gerhard Naegele

 Springer VS

İsmail Tufan
Antalya, Türkei

ISSN 2626-0344   ISSN 2626-0360   (electronic)
Dortmunder Beiträge zur Sozialforschung
ISBN 978-3-658-26023-1   ISBN 978-3-658-26024-8   (eBook)
https://doi.org/10.1007/978-3-658-26024-8

Die Deutsche Nationalbibliothek verzeichnet diese Publikation in der Deutschen National-
bibliografie; detaillierte bibliografische Daten sind im Internet über http://dnb.d-nb.de abrufbar.

Springer VS

Springer VS ist ein Imprint der eingetragenen Gesellschaft Springer Fachmedien Wiesbaden GmbH
und ist ein Teil von Springer Nature
Die Anschrift der Gesellschaft ist: Abraham-Lincoln-Str. 46, 65189 Wiesbaden, Germany

Geleitwort

Eine wissenschaftliche Arbeit über Altwerden und Hochaltrigkeit in der Türkei in der „Dortmunder Reihe für Sozialforschung" zu veröffentlichen, muss zunächst überraschen. Dies löst sich aber schnell auf, wenn man die Genese der vorliegenden Veröffentlichung und ihren Bezug zu den Dortmunder Sozialwissenschaften kennt. An der Universität Dortmund gibt es seit mehr als 20 Jahren traditionell einen Schwerpunkt zur Alternsforschung, der anfangs primär sozialgerontologisch ausgerichtet war und heute in einer stärker sozialwissenschaftlichen Orientierung das übergreifende Thema „Alternde Gesellschaften" fokussiert.

Zur Akdeniz Universität und zum Leiter der dortigen gerontologischen Abteilung Prof. Dr. Ismail Tufan bestehen traditionell langjährige Arbeitsbeziehungen. Die Gerontologie in Antalya hatte und hat noch immer das „Dortmunder Modell" zum Vorbild. Die dortigen Bacherlor- und Masterstudiengänge ebenso wie die in Antalya praktizierte angewandte Alternsforschung folgen im Kern der in Dortmund betriebenen alternswissenschaftlichen Lehre und Forschung. Es gab und gibt Studierendenaustausche, gemeinsame Masterarbeiten entstanden und zwei Promotionen konnten erfolgreich abgeschlossen werden. Ergänzt wurden diese Kontakte schon sehr früh durch Kooperationsbeziehungen auch zur Bochumer Soziologie, die ebenfalls auf langjährige gute Kontakte zur Dortmunder Alternsforschung zurückblicken kann (z.B. im ZUDA-Projekt). Auch die vorliegende Veröffentlichung hat ihre Wurzeln „im Revier"; einer Region mit herausragenden demografischen Herausforderungen. Hochaltrigkeit war und ist auch in der Dortmunder Gerontologie ein traditionelles Lehr – und Forschungsgebiet, Dortmunder und Bochumer Kolleg*innen waren bei der dieser Arbeit zu Grunde liegenden Forschung stets im interdisziplinären Austausch mit Prof. Dr. Ismail Tufan beteiligt.

Altern in der Türkei – verstanden als Altern in einer „Übergangsgesellschaft" – ist ein Thema, das in Anbetracht der im Grundsatz noch vergleichsweise jungen Altersstruktur in der Türkei ebenfalls überraschend wirkt. Wenn man sich aber die demografische Datenlage und die dazu vorliegenden Projektionen vor Augen führt, dann wird schnell deutlich, dass es sich dabei um ein bedeutsames soziales und sozialpolitisches Zukunftsproblem handelt, das der Autor schon sehr früh erkannt und in Forschung und Lehre aufgegriffen hat. Mit dem Fokus dieser Arbeit auf Hochaltrigkeit leistet er dabei zusätzlich einen wichtigen Beitrag zur inzwischen weltweit bedeutsam gewordenen Hochaltrigenforschung.

Ein wichtiges Ziel der vorliegenden Arbeit ist die Analyse von Erleben von Kontinuität und Diskontinuit bei hochaltrigen Menschen. Die forschungsleitende theoretische Konzeption ist somit die Kontinuitätsthese. Die darauf abgeleiteten Empfehlungen für eine künftige Alterssozialpolitik in der Türkei sind richtungsweisend, eingebettet in der traditionell in Dortmund betriebenen Lebenslageforschung; mit dem primären Ziel:

> „vor dem Hintergrund eines sozialwissenschaftlich-empirischen Vorgehens ... auf wohlfahrts- und sozialstaatliche Entwicklungsmöglichkeiten für die Sozialpolitik in der Türkei einzuwirken. Daher ist es ein besonderes Ziel, die Lebenssituation alter und hochaltriger Menschen ... zu beleuchten, ... die Lebenslagen der alternden Menschen in der Türkei mit Hilfe von sozialpolitischen Maßnahmen zu verbessern und den politischen Akteuren dabei wissenschaftlich fundierte Empfehlungen an die Hand zu geben" (Tufan 2017).

Das vorliegende Buch ist ein Plädoyer für eine Sozialpolitik für das Alter, das sich an den sozialen, kulturellen und ethischen Anforderungen, die der kollektive Alternsprozess in der Türkei mit sich bringt, also dem Prinzip der „Betroffenenorientierung" und nicht dem primären Politikerinteressen, orientieren sollte. Es spricht somit von einem Verständnis von Politikberatung, das in Deutschland in der Tradition des „pragmatischen" bzw. „reflexiven" Politikberatungsmodells steht, das auf ein konstruktives Miteinander, auf kommunikativen Austausch und gegenseitige Wertschätzung fußend, von Wissenschaft und Praxis setzt. Die vorliegende Arbeit lässt wieder einmal eindrucksvoll den sozialpolitischen Gestaltungswillen des Autors erkennen. Insofern ist sie auch als interkulturelle Bereicherung der Zielsetzung der Dortmunder Beiträge für Sozialwissenschaften zu verstehen. Ich persönlich danke Herrn Prof. Dr. Tufan für seine engagierte Arbeit nicht nur an diesem Thema.

Dortmund, im März 2019
Prof. Dr. Gerhard Naegele

Dankesworte

Da ich meine akademischen Ausbildungen sowohl an deutschen als auch österreichischen Universitäten absolvierte, ist es mir eine große Freude, diese vorliegende Studie in Deutsch und bei einem deutschen Verlag zu veröffentlichen. Diese Forschung wäre ohne die Unterstützung, Mithilfe, Kontaktvermittlung, Korrekturlesen, Anregungen und kulturübergreifende Diskussionen meiner deutschen und türkischen Kolleginnen und Kollegen aus der Wissenschaftscommunity nicht möglich gewesen. Allen gilt mein aufrichtiger Dank für ihre Begleitung und Förderung. Im Einzelnen (nach dem ABC) sind dies:

Prof. Dr. Rolf Heinze, Ruhr-Universität Bochum
Prof. Dr. Andrea Helmer-Denzler, Hochschule Heidenheim
Prof. Dr. Gerhard Naegele, Technische Universität Dortmund
Dr. Martin Pallauf, Universität Hall in Tirol
Fatma Şerife und Mustafa Sayan,
Dr. Gerd Schuster, SeniVita Bayreuth
Prof. Dr. Bernd Seeberger, Universität Hall in Tirol

Besonderer Dank gebührt meiner Frau Emine und meinen Sohn Ahmet für ihre Geduld und Verständnis.

Ismail Tufan, Antalya, im Februar 2019

Vorwort

Die Türkei erlebt nicht nur im ökonomischen, sondern auch im soziokulturellen Bereich große Wandlungen. Insbesondere durch Individualisierung sind die Einzelnen gezwungen, ihre Biographie selbst zusammenzubasteln. Die Pluralisierung der Lebenswelten bietet den alternden Menschen von heute unterschiedlichen Perspektiven, Lebensstile, Lebenslagen und Lebensweisen, die für die heutigen hochbetagten Menschen in der Türkei früher kaum zur Verfügung standen. Ihr Leben stand durch die vorgegebenen Normen und Lebensführung fest. Obwohl gerade diese Gruppe in der Bevölkerung der Türkei rasant wächst, liegt bisher keine umfassende Untersuchung über ihr Altern vor. Diese Studie soll einen Beitrag in diese Richtung leisten. Die Zielgruppe der Studie umfasst die „hochaltrigen Personen", d. h. Personen 80 Jahre und älter werden befragt und ihre Aussagen analysiert, um dann daraus über deren Altern Aussagen zu treffen.

Das Leben wird oft mit einem Theaterstück verglichen, in dem Menschen unterschiedliche Rollen übernehmen. Bei hochbetagten Menschen sieht es so aus, als ob sie die Bühne bald verlassen müssten. Aber vorher sollen sie sagen können: „Ja, das Leben ist geglückt." (Schulz-Nieswandt 2006, S. 29). Das hört sich so an, als sollten sie vom Leben mit „Happy End" und einem Zufriedenheitsgefühl ausscheiden und darüber hinaus das Gefühl des Erfolges erleben.

Wann oder wie können gerade hochaltrige Menschen dieses Gefühl haben? Die Menschen haben die Eigenschaft, sich miteinander zu vergleichen. Das machen sie fast tagtäglich. Wenn sich die Menschen mit anderen als Individuen hinsichtlich unterschiedlich ausgeprägter Gegebenheiten, Fähigkeiten und Verhaltensweisen vergleichen, dann ziehen sie für sich selbst daraus wichtige Konsequenzen.

Die Menschen vergleichen sich auch selbst in Bezug auf die Vergangenheit und Gegenwart und denken dabei oft nur in zwei Kategorien, wie z. B. richtig-falsch oder gut-schlecht. Diese Neigung des Menschen soll genutzt werden, um das „erfolgreiche Altern" im Zusammenhang mit der Hochaltrigkeit zu bewerten. Wir wollen also wissen, wie die hochaltrigen Menschen in der Türkei ihr bisheriges

Leben bewerten. Dabei werden wir zwei Zeitpunkte des Lebens einer hochaltrigen Person nehmen. Wir lassen sie hinsichtlich ihrer heutigen und vergangenen
Lebenssituation in Bezug auf verschiedene Lebensbereiche Vergleiche ziehen und
uns das Resultat dieses Vergleiches mitteilen. Daraus wollen wir über das Leben
der Person einige Schlüsse ziehen.

Das klingt zuerst einfach, gar banal, ist es aber nicht. Ein „Zwei-Kategorien-Spiel"
kann sehr komplex sein. Das wissen viele Menschen heute z. B. aus der Computer-
technologie. Dort beruht alles auf der Grundlage von Ja-Nein-Entscheidungen. Hier
soll das Leben in der Hochaltrigkeit auf dieser Grundlage analysiert und daraus
bewertbare Antworten abgeleitet werden. Dieses Vorgehen ist in der Gerontologie
zwar nicht neu, wird jedoch in der Türkei im Rahmen einer sozialgerontologisch
orientierten empirischen Forschung zum ersten Mal angewendet. Im Folgenden
werden die Resultate dieser Forschungsarbeit vorgestellt.

Wie jedes Phänomen, kann auch die Hochaltrigkeit aus unterschiedlichen Perspektiven wahrgenommen werden. In dieser Studie geht es um die Erforschung des
sogenannten „erfolgreichen Alterns" in der Hochaltrigkeit. Wir interessieren uns
nicht für das Erleben als affektive Emotionen, sondern es geht um die kognitiven
Prozesse, wie z. B. Wahrnehmung, Denken oder Einstellungen (Sokolowski, 2013
S. 38). Dabei geht es um die Kontinuität bzw. Diskontinuität in unterschiedlichen
Lebensbereichen des Alltags. Das Erleben allgemein und auch in der Hochaltrigkeit ist mit Vorstellungen verbunden, deren Stimuli oft außerhalb der Person
liegen. Dabei stehen die Lebenszustände als quasi-soziale Determinanten zur
Verfügung. Wir nehmen an, dass sie als Außenreize auf die Lebenszufriedenheit
in der Hochaltrigkeit wirken. Ferner nehmen wir an, dass von dieser Perspektive
aus für hochbetagte Personen ein Resultat vorliegt, mit dem sie entscheiden, ob ihr
eigenes Leben geglückt ist oder nicht. Die Mitteilung der Personen darüber, also
ihre Bewertungen über ihr eigenes Leben, werden wir bewerten. Das heißt, hier
liegt eine Doppelbewertung vor.

Inhalt

Verzeichnis der Abbildungen und Tabellen

Abbildungen

Tabellen

Einleitung

In der Türkei werden 80-jährige und ältere Personen als Hochbetagte und der Lebensabschnitt ab dem 80. Lebensjahr als Hochaltrigkeit bezeichnet. Im Folgenden geht es um diese Personen. Die Menschen setzen sich in jeder Phase ihres Lebens mit ihrer eigenen Identität auseinander. Aber sie sind nicht unabhängig von der sozialen Umgebung. Wie sie von anderen wahrgenommen werden und wie sie sich selbst wahrnehmen, kann den persönlichen Alterungsprozess entscheidend beeinflussen.

Die Menschen handeln und erleben sich selbst immer innerhalb bestimmter sozialer Situationen. Als Hatice Aktas zu mir sagte: „Im Herzen altert man nicht, mein Sohn!", hat sie wahrscheinlich nicht an so etwas wie Kontinuität gedacht. Sie war 103 Jahre alt. Zwei Monate später starb sie in ihrer Einzimmerwohnung in Nazilli, einer Provinz in der Westtürkei. Dass wir uns im Herzen immer jung fühlen, ist eine Art der Kontinuität, die uns mit einem ständigen Gefühl des Jungseins erfüllt. Je nach Situation können unsere Erlebnisse unterschiedlich ausfallen. Trotz der stattgefundenen Veränderungen spüren wir eine Affinität zur innerlichen und äußerlichen Kontinuität.

Aus sozilogischer Perspektive soll hier unter dem Begriff „Kontinuität" ein relativ langfristiges Gleichbleiben eines Strukturzustandes ohne abrupte qualitative Veränderungen des Rollen- und Normengefüges verstanden werden (Hillmann 2007, S. 454). Dabei wird zwischen *Kontinuität des Selbst* und *Kontinuität der Lebenssituation* unterschieden. In der Gerontologie spricht man vom „erfolgreichen Altern". Im weiteren Verlauf werden wir diesen Begriff durch die beiden genannten Dimensionen definieren.

© Springer Fachmedien Wiesbaden GmbH, ein Teil von Springer Nature 2019
İ. Tufan, *Langlebigkeit in der Türkei*, Dortmunder Beiträge zur
Sozialforschung, https://doi.org/10.1007/978-3-658-26024-8_1

Interesse an der Hochaltrigkeit

Die Gerontologie in der Türkei ist eine sehr junge Wissenschaft. Erst seit 2009 wird ein Gerontologie-Studium angeboten. Aufgrund des kurzen Bestehens der Gerontologie fehlen oft noch empirische Befunde über das Alter(n) in der türkischen Gesellschaft. Die Gerontologie will u. a. den Menschen innerhalb eines bestimmten sozialen Systems Möglichkeiten aufzeigen, die helfen könnten, erfolgreich zu altern. Das Konzept „erfolgreiches Altern" enthält explizit die Annahme, dass das Altern erfolgreich sein kann. Im Umkehrschluss heißt es dann, dass es auch mit nicht mehr rückgängig machbarem „Misserfolg" verbunden sein kann. Ein türkisches Sprichwort fasst es so zusammen: „Allerletzte Reue hilft nicht."

Der Beginn des Alters als Lebensphase ist umstritten, insbesondere dann, wenn es psychologisch verstanden wird. Aus soziologischer Sicht kann der Beginn des Alters ebenfalls nicht genau festgelegt werden. In den gerontologischen Publikationen wird das Alter mit dem 60. oder 65. Lebensjahr angesetzt. Jedoch „innerhalb des ‚Alters' als komplexe ‚Großphase' des Lebenslaufs, die eine Altersspanne vom 55. bzw. 60. Lebensjahr bis in das Alter von über 105 Jahre umfasst, existieren durchaus abgrenzbare Teilphasen" (Backes, Clemens 2013, S. 23).

Von der sozialen Umwelt werden im hohen Alter die körperlichen Merkmale des Menschen mehr wahrgenommen (Martin, Kliegel 2005, S. 31). Das bedeutet, im hohen Alter werden Menschen auf den körperlichen Zustand reduziert. Assoziationen wie Abhängigkeit, Unselbstständigkeit oder Pflegebedürftigkeit werden oft auf die hochaltrigen Personen projiziert.

Der Begriff „Alter" steht einerseits als Resultat des Älterwerdens, andererseits als Lebensphase im Vordergrund. Damit rücken alte Menschen als Bestandteil der Gesellschaft in den Fokus (Helmchen, Kanowski, Lauter 2006, S. 21). Der Anstieg der Zahl alter Menschen, vor allem der Hochaltrigen, hat Konsequenzen für die gesundheitliche und pflegerische Versorgung in monetärer, personeller und qualitativer Sicht. Dahinter stehen wichtige Fragen wie „Wer soll das alles bezahlen?" oder „Wer soll die alten Menschen pflegen?" oder „Wer soll alles bestimmen?" (Wahl, Heyl 2004, S. 13). Wenn in der Hochaltrigkeit nur noch die „Pflegelast" und der „Pflegemarkt" gesehen werden und sich alle anderen als „Kostenträger" ansehen, dann werden sich die hochaltrigen Menschen an diese Erwartungen anpassen, statt sich zu entwickeln. Dabei ist es keine Frage, dass die Hochbetagten körperliche Verluste erleiden, ihre Seh- und Hörfähigkeit eingeschränkt ist und ihre sozialen Beziehungen schrumpfen. Aber diese Verluste sollten uns nicht dazu verleiten, die alten Menschen als marginale Gruppe zu betrachten, der man keine Beachtung mehr zu schenken braucht.

Die „Alternsnormen" korrelieren mit den sozialen Faktoren wie Einkommen, Bildung, Familienstand, Gesundheitszustand (Palmore 1981). Andererseits existieren vielfältige Alternsformen (Lehr, Thomae 1987; Thomae 1987; Thomae 1973). Die Vielfalt der Alternsformen veranlassen die Gerontologen zur Aussage, dass das Altern „viele Gesichter" habe (Niederfranke, Naegele, Frahm 1999). Denn „wir sind nicht nur in einer Hinsicht alt – wenn wir vom Alter eines Menschen sprechen, dann haben wir bei ein und derselben Person sehr unterschiedliche ‚Alter' im Auge" (Kruse, Wahl 2010, S. 3).

In der türkischen Gesellschaft jedoch wird die Hochaltrigkeit oft als eine Lebensphase angesehen, in der Menschen von der Vielfalt kaum profitieren können. Allgemein wird angenommen, dass Unterschiede und Vielfältigkeit in der Hochaltrigkeit verloren gehen (DTP 2007). Das Alter sei lediglich eine Lebensphase, in der „physische und psychische Kräfte unwiderruflich verloren gehen" (Urfalioglu, Altas, Yildirim 2008, S. 21). Trotzdem fällt es auf, dass die hochaltrigen Menschen, obwohl sie viel zu beklagen haben, nicht alle ihre Lebenszufriedenheit verlieren und Depressionsraten nicht in die Höhe „schießen". Die subjektive Lebenszufriedenheit bei alten und hochbetagten Menschen ist unerwartet hoch. Nicht ohne Grund heißt es in einem Titel: „Viele Gründe sprechen dagegen, und trotzdem geht es vielen Menschen gut" (Staudinger 2000).

Hochaltrigkeit in der Türkei

Die Türkische Gesellschaft zeichnet sich durch ihre Dynamik aus. Ein Merkmal dafür ist ihre rasante demographische Entwicklung. Vor etwa einem halben Jahrhundert befand sich die Türkei weltweit unter den Ländern mit den höchsten Geburtsraten. Deswegen rangierte sie unter den sehr jungen Gesellschaften. Aber seit den 1990er Jahren sinken die Geburtenraten auch in der Türkei. Deswegen ist sie gezwungen, für das Problem des Alter(n)s neue Lösungen zu entwickeln (Tufan 2007). Im Vergleich zu europäischen Gesellschaften ist die türkische Gesellschaft weder jung noch alt. Demographisch gesehen befindet sie sich in einer Übergangsphase. In den kommenden Jahren muss damit gerechnet werden, dass eine – wenn nicht drastische – so doch deutliche Alterung der Gesellschaft stattfinden wird. Die Geburtenrate im Jahr 1960 von 6,1 ist heute knapp auf 2 gesunken. In derselben Zeitspanne wuchs der Anteil der 60-jährigen und älteren Personen in der Bevölkerung von ca. 3 % auf 10,3 % an (TÜİK 1960, 2013). Im Jahr 2000 lebten in der Türkei rund 5,8 Millionen Menschen, die 60 Jahre und älter waren. 2011 stieg ihre Anzahl auf 7,4 Millionen, 2013 auf 9 Millionen und 2014 auf 9,6 Millionen (TÜİK 2000,

2013, 2014). Von 1960 bis 2002 wuchs ihr Anteil um 57 % (Tufan 2007, S. 39) und von 2002 bis 2011 nochmals um 23 %. (Tufan 2012, nicht veröffentlichte Analyse). Die Lebenserwartung der im Jahr 1996 Geborenen lag bei 68 Jahren. Heute ist sie auf 75 Jahre gestiegen (TÜİK 1996, 2013). Ein Vergleich mit Deutschland zeigt die Unterschiede und die Tendenz: Nach der allgemeinen Sterbetafel 2010/2012 für Deutschland beträgt die Lebenserwartung für neugeborene Jungen 77 Jahre und 9 Monate und für neugeborene Mädchen 82 Jahre und 10 Monate. Wie das Statistische Bundesamt weiter mitteilt, ergibt sich für 65-jährige Männer eine noch verbleibende Lebenserwartung – die sogenannte fernere Lebenserwartung – von 17 Jahren und 6 Monaten. 65-jährige Frauen können statistisch gesehen mit weiteren 20 Jahren und 9 Monaten rechnen (http://www.demografie-portal.de/SharedDocs/Aktuelles/DE/2015/150422_Lebenserwartung.html).

Die medizinischen Fortschritte und besseren Lebensumstände haben das Erreichen des höheren Alters möglich gemacht. Das gilt auch für die Türkei. In diesem Sinn bedeutet das Erreichen der Hochaltrigkeit „überleben". Die Hochaltrigkeit ist in der Türkei auf dem Vormarsch. Zwischen 1960 bis 2000 hat der Anteil von 80-Jährigen und älteren Personen um 266 % zugenommen (Tufan 2007). In der Türkei leben rund 1,7 Millionen hochaltrige Menschen.

Die Hochaltrigen leben überall: In Großstädten wie Istanbul, Ankara oder Izmir oder in Kleinstädten und Dörfern. Die Situation in den Dörfern ist prekär. Denn die jungen Menschen verlassen ihre Dörfer und wandern in die Großstädte, um zu arbeiten oder zu studieren. Während sie ihre Hoffnungen und Träume mitnehmen, lassen sie ihre Alten zurück. Die Situation für hochaltrige Menschen in den Dörfern wird sich höchstwahrscheinlich weiter dramatisieren. Denn in den ländlichen Teilen der Türkei fehlen nicht nur die jungen Menschen, sondern auch die Versorgungsinstitutionen für alte und sehr alte Menschen (Tufan 2007).

Das Altersbild in der türkischen Gesellschaft kann nur vermutet werden, da auch hier gesicherte Erkenntnisse fehlen. Allgemein ist von positiven Altersbildern auszugehen, aber wenn man zwischen den Zeilen der Publikationen über das Alter liest, dann sieht man, dass oft die negativen Meinungen überwiegen – nicht, weil man gesicherte Erkenntnisse vorweisen kann, sondern auch die Wissenschaftlerinnen und Wissenschaftler haben ihre Vorurteile in Bezug auf das Alter(n). Diese werden unter dem Pseudonym „Wissenschaftlichkeit" verbreitet. Im Vergleich zu Deutschland fehlen nicht nur die wissenschaftlichen Erkenntnisse, sondern auch die Bereitschaft, diese Erkenntnisse in interdisziplinärer Zusammenarbeit zu sammeln. Die Alternswissenschaft (Gerontologie) in der Türkei ist noch weit davon entfernt. Die dynamischen demografischen Entwicklungen werden von statischen Verhältnissen in der Bewältigung des Alterungsprozesses begleitet. Statisch sind sie in dem Sinne, dass sie oft als unveränderbare Dinge oder Zustände erscheinen und häufig auch so wahrgenommen werden. Insbesondere Armut, Krankheit sowie Hilfe- und Pflegebedürftigkeit im Alter beeinflussen die Hochaltrigkeit entscheidend und somit auch die Altersbilder (vgl. Tufan 2006).

In der Türkei ist jede zweite hochbetagte Person (54 %) hilfe- oder pflegebedürftig (Tufan 2007). Für Deutschland liegen repräsentative Hochrechnungen vor. Danach wird die Zahl der zu Hause versorgten Pflegebedürftigen bis 2040 um 45 % und die der in den Heimen lebenden Pflegebedürftigen um 80 % steigen. Danach wird im Jahre 2040 die Zahl der zu Hause versorgten Pflegebedürftigen auf 1,73 Millionen und der in den Heimen versorgten Pflegebedürftigen auf 90000 wachsen (Schneekloth 1996).

Die Betreuung und Pflege der alten Menschen in der Türkei wird von Familien übernommen. Dabei sind die pflegenden Personen fast ausschließlich Frauen. Allgemein wird in der Türkei angenommen, dass die Betreuung alter Menschen mit einer positiven Grundhaltung übernommen wird. Aber niemand kann sagen, warum. Die Gründe sind nicht erforscht. Aber die Vermutungen werden zu Tatsachen deklariert. Dabei spielen kulturelle, religiöse, soziale und emotionale Faktoren eine entscheidende Rolle. Letzten Endes führt die Pflege eines alten Menschen immer zu Belastungen. Die pflegenden Angehörigen sind überlastet. Da bislang keine Pflegeversicherung implementiert wurde, können auch die finanziellen Belastungen für Familien nicht übersehen werden. Die Probleme, die mit der Hochaltrigkeit verbunden sind, sind regionsunabhängig (Tufan 2007). Diese Feststellung ist deswegen wichtig, weil in der Türkei die gesellschaftlichen Probleme fast immer im Zusammenhang mit der Region wahrgenommen und die unterschiedlichen Entwicklungsniveaus der Regionen für die gesellschaftlichen Probleme verantwortlich gemacht werden.

Die Gerontologie hat in der Türkei Eingang als Krisenwissenschaft gefunden, und sie wird ausschließlich als angewandte Wissenschaft betrachtet. Die wenigen Gerontologen werden mit Sozialarbeitern verwechselt. Die Gerontologie sollte nicht nur als eine angewandte Wissenschaft, sondern auch als theorieentwickelnde Wissenschaft wahrgenommen werden (vgl. z. B. Backes & Clemens 2000). Sie definiert sich als „interdisziplinäre Wissenschaft". Zwar existiert heute kaum eine Wissenschaft, die nicht interdisziplinär ist. Jedoch beruht deren Existenz nicht primär darauf, während die Gerontologie die Interdisziplinarität als ihre Existenzbasis betrachtet. Nicht nur in der Türkei, sondern auch in Deutschland wird „trotz grundsätzlicher breiter Zustimmung, was den interdisziplinären Charakter der Gerontologie angeht, die Zusammenarbeit zwischen den Disziplinen eher selten verwirklicht" (Schneider 2000, S. 22).

Baltes und Baltes (1992, S. 8) definieren Gerontologie als „Beschreibung, Erklärung und Modifikation von körperlichen, psychischen, sozialen, historischen und kulturellen Aspekten des Alterns und Alters, einschließlich der Analyse von alternsrelevanten und alternskonstituierenden Umwelten und sozialen Institutionen." Diese Definition macht den hohen Grad der Interdisziplinarität der Gerontologie deutlich.

Tews (1971) stellte Anfang der 1970er Jahre fest, dass die gerontologischen Forschungen sich nur noch um bestimmte Probleme des Alterns kümmern sollten, wie Persönlichkeits- und Verhaltensänderungen als Funktion wachsenden Alters, Situationen älterer Menschen in bestimmten sozialen Bereichen oder allgemeine theoretische Ansätze des sozialen Alterns. Deswegen ist es nicht verwunderlich, dass „das Klagelied auf die Theoriearmut der Alternssoziologie (…) oft gesungen worden" ist (Schroeter 2000, S. 33).

In der Türkei wurden das Altern und dessen Folgen für die Menschen und die Gesellschaft kaum zur Kenntnis genommen. Erst nach der Gründung des Fachbereichs der Gerontologie im Jahr 2006 und der Veröffentlichung des ersten Altenberichts im Jahr 2007 (vgl. Tufan 2007) kippte die Stimmung um. Im genannten Altenbericht wird u. a. betont, dass im 21. Jahrhundert die größten gesellschaftlichen Probleme in der Türkei mit der Alterung im Zusammenhang stehen werden (Tufan 2007, S. 10). Dabei werden die Vergreisung der Gesellschaft und die fehlende Vorbereitung durch die Alterssicherungssysteme in den Vordergrund gerückt.

Bislang existiert in der Türkei ein staatlich organisiertes Alterssicherungssystem. Bis vor einigen Jahren waren nicht das Alter, sondern geleistete Arbeitsjahre für den Renteneintritt ausschlaggebend. Frauen konnten nach 20 und Männer nach 25 Arbeitsjahren in die Rente gehen. Das führte dazu, dass Frauen etwa mit 40, Männer mit 45 Jahren in die Rente gehen durften. Die Rentenzahlungen werden nach Inflation zwar jedes Jahr angepasst, aber die Renten sind niedrig. Die Renten in der Türkei mit den Renten in Deutschland zu vergleichen ist zwar möglich, aber nicht angemessen, weil aus diesem Vergleich nicht zu erkennen ist, ob die Renten für den Lebensunterhalt in der Türkei genügen oder nicht. Außerdem ändern sich die Wechselkurse für Lira gegen Euro so schnell, dass die Rentenbeträge in der Türkei mit den Rentenbeträgen in Deutschland kaum vergleichbar erscheinen. Wenn wir trotzdem eine Vorstellung über die Rentenbeträge in der Türkei gewinnen wollen, dann können folgende Zahlen eventuell hilfreich sein: Zum Beispiel beträgt die monatliche Rente für einen Arbeiter 1406 Lira (ca. 235 Euro) und die Rente für einen Landrat 8884 Lira (ca. 1490 Euro). (Wechselkurse am 20.8.2018). Aber einige Monate vorher würden diese Beträge ganz anders ausgesehen haben, da die türkische Lira innerhalb kurzer Zeit deutlich an Wert verloren hat. Viel wichtiger ist, dass die Personen, die ab dem Datum 1.5.2008 ihren ersten Arbeitsvertrag abgeschlossen haben, mit 65 Jahren in die Rente gehen werden. (Ali Tezel, https://alitezel.com.tr/index.php?sid=yazi& id=4046, 19.8.2018).

Während der Ruhestandszeiten von Einzelpersonen ist es notwendig, zusätzliches Einkommen im Verhältnis zu deren eigenen Ersparnissen bereitzustellen. Deswegen kann man seit 2016 in der Türkei private Rentenversicherungen abschließen. Es handelt sich um ein Rentensystem, das auf freiwilliger Beteiligung beruht und die öffentlichen Sozialversicherungssysteme ergänzt.

Es wäre auch sinnvoll, dass sich die Akteure der staatlichen Sozialpolitik, die soziale Risikolagen des Alter(n)s absichern sollen, mit den gerontologischen Erkenntnissen vertraut machen, um z. B. die Vorbereitung auf eine alternde Gesellschaft voranzutreiben (Tufan 2006, 2007, vgl. auch Schulz-Nieswandt 2006).

Ziel dieser Arbeit

Nazilli ist eine Kreisstadt im Nordosten der türkischen Provinz Aydin mit rund 110.000 Einwohnern. Zur Akdeniz Universität (Antalya) und zum dortigen gerontologischen Department bestehen langjährige Beziehungen, welche auch die Grundlage für die hier vorgestellte Untersuchung sind. Zuerst konzentrierten sich unsere wissenschaftliche Forschung und die praktische Tätigkeit auf die Versorgung von demenzerkrankten hochaltrigen Menschen. In Form eines Pilotprojektes haben sich erstmals die Stadtverwaltung, Vertreterinnen und Vertreter der Zivilgesellschaft und der wissenschaftlichen Gerontologie zusammengesetzt, um den von Demenzerkrankungen betroffenen alten Menschen und ihren Familien zu helfen. Aus dieser Kooperation ging die Nazilli-Untersuchung hervor (Tufan 2016, S. 331).

Im Mittelpunkt dieser Arbeit steht das Konzept „erfolgreiches Altern", bezogen auf die Hochaltrigkeit. Dabei geht es um die Feststellung der erfolgreichen Anpassung an die Lebenssituation mit dem Ziel, Konsequenzen daraus zu ziehen und neue Ziele für das Altern abzuleiten. Die Forschungsfrage lautet, ob die Hochaltrigkeit in der Türkei eher von Kontinuitäten oder von Diskontinuitäten bestimmt wird.

Zuerst wird der Begriff „erfolgreiches Altern" mit dem Ziel untersucht, die wichtigsten Hypothesen über die Determinanten des „erfolgreichen Alterns" abzuleiten (Abschnitt 2). Danach werden Hypothesen formuliert (Abschnitt 3). Im Anschluss daran werden Ergebnisse der Nazilli-Untersuchung vorgestellt (Abschnitt 4). In einem weiteren Abschnitt wird der Zusammenhang untersucht, ob der Faktor Geschlecht eine wesentliche Rolle beim „erfolgreichen Altern" spielt (Abschnitt 5). Im letzten Abschnitt werden die wichtigsten Ergebnisse zusammenfassend dargestellt und der Erklärungswert der eigenen Hypothese diskutiert (Abschnitt 6).

—

Dimensionen der Hochaltrigkeit

Zum Konzept „erfolgreiches Altern"

Das Konzept „erfolgreiches Altern" („successful ageing") steht seit langer Zeit im Mittelpunkt der Gerontologie. Aber die Gerontologen verstehen darunter nicht immer dasselbe. Dies gilt auch für andere Begriffsdeutungen in gerontologischen Publikationen wie „glückliches Altern", „gelingendes Altern", „gutes Altern" oder „hohe Altersmoral" („morale"; Cumming & Henry 1961). Auch die begriffliche Nähe zur Lebensqualitätsforschung ist häufig, so bei Deutungen wie „Wohlbefinden" oder „Lebenszufriedenheit". Kritiker wenden sich zudem gegen dessen inhärent normative Aufforderung, auch im Alter noch „erfolgreich" sein zu sollen – und dies oft in alterstypisch problematischen Lebenslagen. Dieser Kritik folgt auch die vorliegende Arbeit. Dem entspricht, dass vielen auf den ersten Blick bereits die Begriffe „Erfolg" und „Alter" im Widerspruch zu stehen scheinen. (Baltes & Baltes 1989; 1990).

„Bei Altern denkt man häufig an Verlust und Abbau und nahenden Tod. Erfolg dagegen suggeriert Gewinn, Sieg, positive Bilanz. (…) Auch könnte man kritisieren, dem Konzept hafte der Geruch eines versteckten Sozialdarwinismus und eines bedrohlichen Konkurrenzdenkens an und es repräsentiere darum einen wenig wünschenswerten Aspekt westlich-kapitalistischer Denktraditionen. Bei näherem Hinsehen wird man jedoch erkennen können, dass die Verknüpfung von Erfolg nur scheinbar widersprüchlich ist. Vielmehr regt sie dazu an, das Wesen, die Natur des gegenwärtig zu beobachtenden Alternsprozesses eingehender zu analysieren. Es geht darum, sich nicht nur Gedanken über das Altern zu machen, sondern aktiv gestaltend in diesen Prozess einzugreifen und ihn nicht als quasi ‚natürliches' Phänomen passiv hinzunehmen. Vielmehr (…) fordert das Konzept (…) nachdrücklich auf zu überprüfen, was prinzipiell machbar ist und es regt darüber hinaus zum Umdenken an, nämlich ‚Erfolg' im fortgeschrittenen Alter nach anderen Kriterien zu bemessen als in früheren Lebensabschnitten" (Baltes & Baltes 1989, S. 86):

© Springer Fachmedien Wiesbaden GmbH, ein Teil von Springer Nature 2019
İ. Tufan, *Langlebigkeit in der Türkei*, Dortmunder Beiträge zur
Sozialforschung, https://doi.org/10.1007/978-3-658-26024-8_2

Im Folgenden wird unter „erfolgreichem Altern" verstanden (und so wird dieses Konzept auch in der vorliegenden Untersuchung verwendet), dass (a) der Alternsprozess als Adaptation an biologische, psychologische und soziale Veränderungen zu verstehen ist (Baltes & Baltes 1990) und dass zur Anpassung an individuelle und gesellschaftliche Anforderungen des Alterns auf interne und externe Ressourcen zurückgegriffen wird. „Erfolgreiches Altern" ist somit als ein Konstrukt zu verstehen, das von dem Organismus, der Psyche, der sozialen und physischen Umwelt der Personen bestimmt wird.

Von den kognitiven Altersforschern wird der Begriff der Plastizität betont. Darunter verstehen sie die Eigenschaft der Organismen, die über die gesamte Lebensspanne hinweg weitgehend modifizierbar und formbar ist (Singer & Lindenberger 2000, S. 39). Von dieser Perspektive wird der Mensch als eine Art „plastisches" Wesen mit einer begrenzten Formbarkeit vorgestellt. Dieses Wesen kann je nach Erfordernissen und Erwartungen gestaltet und geformt werden. Wir ziehen statt Plastizität den Begriff der Anpassung vor, weil er nicht nur verständlicher, sondern auch ein soziologischer Begriff ist, dessen Ursprung in der Biologie liegt.

In der Gerontologie entfachte sich eine Diskussion über „erfolgreiches Altern" zwischen den Anhängern der Aktivitätstheorie (Havighurst & Albrecht 1953) und der Disengagement-Theorie (Cumming & Henry 1961). In beiden Theorien wird der Anspruch erhoben, den Alterungsprozess angemessen erfassen zu können. Die Anhänger der Aktivitätstheorie betonen, dass die Menschen bis zum Ende ihres Lebens aktiv bleiben möchten. Dagegen postulieren die Anhänger der Disengagement-Theorie, dass der Einzelne ab einem gewissen Alter sich freiwillig von der Gesellschaft zurückzieht, um erfolgreich zu altern (Backes & Clemens 2013, Faltermaier, Mayring, Saup & Strehmel 2014). Diese Theorien sprechen von gegensätzlichen Polen ein und desselben Phänomens und sind radikal in ihren Ansprüchen. Jedoch „eine soziologische Theorie der Sozialpolitik zu entwickeln, die zugleich in ihren wesentlichen gerontologischen Bestimmungsstücken methodisch und empirisch abgesichert erscheint, ist bisher nicht erfolgreich gelungen" (Amann 2000, S. 53).

Von einer weiter gefassten Perspektive aus erscheint „erfolgreiches Altern" als ein Phänomen der erfolgreichen Anpassung. Wahrscheinlich hat es eine allgemeine Gültigkeit im Universum (vgl. Rosenmayr 2004). Denn seit Anbeginn befindet es sich im Veränderungs- und Anpassungsprozess. Wir nehmen an, alles, was sich in ihm abspielt, muss sich den Veränderungen anpassen. Eine Nicht-Anpassung bedeutet, nicht überleben können. Auch unser Verständnis über das Universum ist einem ständigen Veränderungsprozess unterworfen. Das Wissen über das Universum hat sich seit den Zeiten von Kopernikus, Galilei und Newton ständig erweitert. Insbesondere Albert Einstein konnte zeigen, dass das Universum in der „Raum-Zeit" keine Konstante darstellt, sondern „die Allgemeine Relativitätstheorie impliziert die Geburt und vielleicht den Tod des Universums." (Dray 2005, S. 376). Im Universum, in dem auch wir leben, muss jeder Organismus sich an die Veränderungen anpassen, damit er und seine Nachkommen überleben können.

Das Altern wird als ein biologischer, psychologischer und sozialer Veränderungsprozess definiert. Biologisch fängt es im Mutterleib an und dauert bis zum Tode des Organismus. Nach der Geburt kommen noch die psychischen und sozialen Veränderungen dazu, die das Individuum bis zum Ende seines Lebens begleiten. Zwar werden sich allgemein die Veränderungen im Alterungsprozess vom Positiven zum Negativen hinbewegen. Aber das „Altern (ist) nicht durchgängig negativ belegt" (Schlicht 2010, S. 26).

Der sozialwissenschaftliche Begriff der Anpassung

Die kognitive Repräsentanz und die Reaktionsformen auf Belastungen sind Einflussbereiche früherer Lebensereignisse und biographische Entwicklungen. Somit stellen sie eine entwicklungsbezogene Anpassung der Person dar. Dagegen sind Einflüsse der Herkunftsfamilie, spezifische Lebensereignisse, individuelle, soziale, ökologische und ökonomische Ressourcen, Gesundheit und Wohlbefinden Ergebnisse ihrer Entwicklung (Schmitt 2006, 220f.).

Die Anpassung in Bezug auf menschliches Verhalten und Handeln kann somit in unterschiedlichen Bedeutungen verwendet werden. Einerseits kann er als Prozess aktiver Veränderung menschlichen Verhaltens in Abhängigkeit von äußeren Bedingungen verstanden werden, andererseits als ein Prozess des Unterwerfens, in dem sich das Individuum gesellschaftlichen Erwartungen passiv anpasst. Der erste Fall ist aus der Biologie übernommen, und der Prozess der Anpassung des Lernens ist darin eingeschlossen. Jede Veränderung menschlichen Bewusstseins und Handelns ist in diesem Verständnis ein Produkt des Anpassungsprozesses. Das Verhalten in diesem Zusammenhang stellt eine Reaktion auf äußere Bedingungen dar. Im zweiten Fall wird die Anpassung einer Bewertung unterzogen und in dieser Art und Weise benutzt. Das Verb „sich unterwerfen" deutet diese soziale Bewertung an.

Der Mensch ist ein bewusst, aktiv und zielgerichtet handelndes Wesen (Kunz 1997, Diekmann, Eichner, Schmidt & Voss 2008). Sein Erleben und Handeln sind keine reflexartigen Reaktionen, sondern werden meistens von ihm bewusst eingeleitet. Der bewusst handelnde Mensch nimmt in jeder Phase seines Lebens zu seinen Mitmenschen Beziehungen auf. Das ist seine Veranlagung. Diese Veranlagung formt ihn lebenslang. Die Umwelt, in der er lebt, ist in dieser „Formung" beteiligt. Der Mensch ist in der Lage, die Bedingungen, unter denen er lebt, bewusst zu verändern (Kreft & Mielenz 1996 S. 53). Nach Giddens (1984) ist soziale Wirklichkeit weder bloß subjektiver Interaktionszusammenhang individueller Akteure noch quasi „dinghafte" Strukturobjektivität. Vielmehr ist sie ein dynamischer Prozess der kontinuierlichen „Strukturierung". In diesem Prozess greifen gesellschaftliche Strukturen und individuelles Handeln ineinander. Die Strukturen beeinflussen das Handeln der Akteure und die Akteure haben einen Einfluss mit ihrem Handeln auf die gesellschaftlichen Strukturen. Aber aus eigenen Erfahrungen wissen Menschen, dass sie nicht immer in der Lage sind, ihre Lebensbedingungen zu verändern. Dabei spielen Faktoren wie Normen und Rollenerwartungen, aber auch situatives Handeln anderer eine entscheidende Rolle. Dennoch: „Personen streben über die Lebensspanne die Optimierung der Passung zwischen sich und der Umwelt an, um die Autonomie des individuellen sozialen Bezugssystems unter den gewählten Bedingungen zu maximieren" (Martin & Kliegel 2005, S. 3).

Der Mensch ist nicht nur in der Lage, die Passung zwischen sich und Umwelt selbst in die Hand zu nehmen, sondern dies wird auch von ihm gefordert. „Das ganze Leben hindurch wird die Anpassungsfähigkeit des Individuums von Situationen auf die Probe gestellt" (Birren 1974, S. 15). Der konkrete Ausgang ist jedoch – je nach Situation – ungewiss. Das ist verständlich, wenn man bedenkt, dass das Handeln des Einzelnen vielfach von Gewohnheiten, Traditionen und Normen der sozialen Umwelt bestimmt wird, die die Anpassungsfähigkeit des Individuums fast täglich und je nach sozialer Situation auf die Probe stellt. Man könnte jedoch auch die soziale Situation verändern, damit Menschen dadurch erst in die Lage versetzt werden, um ihre individuelle Lage zu verändern. Als Beispiele hierfür können die Intervention und Rehabilitation sowie die Therapie im Alter genannt werden. Sie beziehen sich auf die Behandlung von Krankheiten bzw. deren Auswirkungen und auf das gezielte Training verlorener Fähigkeiten. (Lenzen-Großimlinghaus & Steinhagen-Thiessen 2000). Jedoch macht Zank (2000 S. 47) darauf aufmerksam, dass neben den direkten rehabilitativen Maßnahmen auch die Veränderung der sozialen Umwelt zur Genesung führen kann. Zum Beispiel konnten bei multimorbiden Heimbewohnern deren Kompetenzen bei der Bewältigung des Alltags erheblich verbessert werden.

Im Sinne von Max Weber ist mit dem Begriff „Anpassung" soziales Handeln gemeint. „Handeln soll dabei ein menschliches Verhalten (einerlei ob äußeres oder innerliches Tun, Unterlassen oder Dulden) heißen, wenn und insofern als der oder die Handelnden mit ihm einen subjektiven Sinn verbinden. ‚Soziales' Handeln aber soll ein solches Handeln heißen, welches seinem von dem oder den Handelnden gemeinten Sinn nach auf das Verhalten anderer bezogen wird und daran in seinem Ablauf orientiert ist" (Weber 1976 [1921] S. 1). Sonst bleibt der Begriff „Anpassung" ein Handeln, das sich an das Handeln und an die Erwartungen anderer annähert bzw. diese übernimmt. Die Anpassung sollte nicht nur bedeuten, dass das Individuum sich mit der gegebenen Situation arrangiert und sich der Situation anpasst. Das Individuum kann ggf. erkennen, dass die sozialen Situationen, wie etwa die Lebensumstände, nicht als etwas Gegebenes wahrzunehmen sind, sondern als etwas Veränderbares. Im Sinne von Giddens (1984) würde das Individuum z. B. unerwünschten Veränderungen im Alterungsprozess mit eigenem Handeln entgegenwirken bzw. erwünschte Situationen versuchen beizubehalten.

Für Weber (1976 [1921]) ist auch „Unterlassen" ein soziales Handeln. Man kann auch passiv Handeln. Obwohl die Passung zwischen selbst und der Umwelt ein aktiver Prozess ist, ist sie oft auch ein passiver Prozess. Die Erwartungen der Umwelt können vom Individuum übernommen und die Erwartungen anderer als eigene Erwartungen interpretiert werden. Somit würde ein Hochaltriger einer psychischen Selbsttäuschung unterliegen. Als Mitglied einer Gruppe, z. B. der Familie, würde er das Gedankengut der Familie übernehmen und es verinnerlichen. Zum Gedankengut der Familie gehören insbesondere Vorstellungen zum Zusammenleben der Familienmitglieder. Der hochaltrige Mensch, der dieses Gedankengut verinnerlicht hat, würde dann der Mitträger dieser (Familien-) Kultur. Da Kulturen sich unterscheiden, können auch die Erwartungen über das Zusammenleben in der Familie sich voneinander unterscheiden. Somit stellt sich die Hochaltrigkeit in unterschiedlichen Kulturen unterschiedlich dar.

Das Ziel des Menschen, seine Autonomie zu maximieren (Martin & Kliegel 2005), kann auch eine Selbsttäuschung sein. Der Mensch ist nicht in der Lage, ohne andere zu leben und zu überleben. Er braucht die Anerkennung der anderen genauso wie Nahrung und Wasser. Nach Weber (1976 [1921]) kann er dabei zweckrational (von Interessen bestimmt), wertrational (von der Überzeugung ihres Eigenwertes geprägt), affektuell (auf die Bedeutung der Gefühle beruhend) oder traditionell (nach Bräuchen, Gewohnheiten, Konventionen, Routinen und/oder Traditionen) handeln.

Deswegen kann ein Individuum seine Autonomie nicht ohne die anderen Menschen definieren. Das Leben eines jeden Menschen ist immer ein Kompromiss mit den anderen. Die individuelle Autonomie kann nicht maximiert, sondern immer nur mit Bezug auf andere, also in Relationen definiert werden. Die maximierte Autonomie eines Individuums stellt sich immer mit Bezug auf den Umfang der von der sozialen Umwelt erlaubten Autonomie dar. Deswegen werden Menschen, die sich an die Erwartungen der sozialen Umwelt annähern, von anderen akzeptiert und als erfolgreiche Menschen wahrgenommen. Dabei wird oft nicht derjenige als erfolgreich angesehen, der versucht, etwas zu verändern, sondern derjenige, welcher eine passive Anpassung anstrebt.

Dabei können vielfältige Anpassungsformen (Thomae 1987) entstehen. Das ändert nichts daran, dass alle Altersformen nur dann als erfolgreich angesehen werden, wenn sie den gesellschaftlichen Normen entsprechen oder diese zumindest nicht in Frage stellen. Als Gegenbeispiel kann die „die unwürdige Greisin" von Bert Brecht (1967, S. 315 ff.) dienen. In dieser Kurzgeschichte wird von einer alten Frau erzählt, die sich ihr Leben lang für die Familie aufopfert und nach dem Tod des Mannes ein eigenständiges Leben führt, das von ihren Kindern als nicht normangepasst, also als unwürdig interpretiert wird. Die Altersformen entpuppen sich oft als ein Prozess der gesellschaftlichen Neustrukturierung, die sich nur im Augenblick als „Form" anstatt „Norm" darstellen. Zum Beispiel leben in modernen Gesellschaften, wie der deutschen oder türkischen, ältere Menschen meistens von ihren erwachsenen Kindern getrennt. Man kann dies als eine neue Form des Alters auffassen, jedoch es ist eher eine gesellschaftliche Neustrukturierung in der Moderne. In Deutschland bleiben viele alte Menschen nach dem Tod ihres Partners in ihren eigenen Wohnungen und leben alleine. In der Türkei ist diese „Form" des Lebens im Alter noch nicht so weit verbreitet. Der Grund liegt meistens nicht auf individueller, sondern auf finanzieller Ebene. Die gesellschaftlichen Strukturen erlauben den alten Menschen nicht, dass sie nach dem Tod ihres Partners in den eigenen vier Wänden bleiben. Auch umgekehrt wird dies verhindert: Oft ist die finanzielle Situation der erwachsenen Kinder unzureichend, und die Rente (wenn überhaupt vorhanden) kann eine Unterstützung für die Familie sein, wenn die alte Mutter oder der Vater mit ihren Kindern zusammenwohnen. Von außen betrachtet kann diese „Norm" des Lebens im Alter als „gute Beziehungen der Generationen" interpretiert werden, was aber oft nicht den eigentlichen Grund darstellt.

Der biologische Begriff der Anpassung ist in die Soziologie durch den Sozialdarwinismus und die Lernpsychologie eingedrungen. In der Lernpsychologie haben die Begriffe Lernen, Verhalten und Anpassung eher eine biologische Bedeutung. Körperkraft, Gesundheitszustand, Sinnestüchtigkeit, Reaktionsschnelligkeit und Auffassungsumfang und andere Begriffe der Lernpsychologie machen deutlich, dass eine biologische Auffassung des Begriffs Anpassung vorhanden ist. Ein Beispiel dazu liefert Benesch (1992): „Eine Vogelart lebt z. B. paarweise im Dschungel, dagegen scharenweise in der Savanne, weil das Nahrungsangebot so besser zu nutzen ist. Auch beim Menschen sind viele Anpassungsformen angeboren, trotzdem gelingen auch neue Anpassungen. Beispiele sind die Trainingsprogramme für Taucher oder Astronauten. Bei diesem Lernen muss man dem Körper Zeit lassen und ihn trainierend unterstützen" (Benesch 1992, S. 153). Biologisch gesehen bedeutet eine Anpassung also, dass ein Organismus sich seiner Umgebung durch Veränderung seines Verhaltens anpasst. Sogar im Grenzfall muss ein Mutationsprozess dahinterstehen, damit eine biologische Anpassung erfolgreich abgeschlossen werden kann. In der biologischen Auffassung der Anpassung, d. h. Verhaltensmodifikation, wurde als Kriterium für eine gelungene Anpassung die harmonischen Übereinstimmung mit der sozialen Umwelt angesehen und so in die Soziologie übernommen (Theodorson & Theodorson 1969; siehe Stichwörter wie: adaptation, social adaptation, adjustment).

Der Mensch müsste sich im Moment des Funktionsfähigkeitsverlustes im Existenzkampf geschlagen geben und sich von der Bühne des Lebens verabschieden. Aus sozialdarwinistischer Sicht gibt es keine Möglichkeit für ein Individuum, sich nicht anzupassen oder gegebene Verhältnisse einfach zu ignorieren und keine Veränderung bei sich vorzunehmen. Dabei wird die Reflexionsfähigkeit des Menschen ignoriert. Das heißt, der Mensch ist in der Lage, Entscheidungen zu treffen und danach zu handeln, in denen er einen Sinn sieht. Die Menschen sind zukunftsorientiert, besitzen bestimmte Präferenzen und treffen Entscheidungen über ihre eigenen Handlungspläne. Sie passen sich nicht automatisch an die gegebene Situation(en) an, sondern ihre Anpassung hat immer auch strukturierenden Charakter.

Der Begriff der Anpassung wird im Rahmen der Migrationsforschung unter dem Begriff „Akkulturation" verwendet. Damit ist gemeint, dass die unterschiedlichen Kulturen sich angleichen und durchdringen. Diese Abgleichung bzw. Anpassung können nur stattfinden, wenn dahinter menschliches Handeln steht. Die Kulturen verändern sich nicht selbständig. Hauptsächlich werden die Probleme der Migranten in den Vordergrund gestellt, da sie in eine fremde Kultur eindringen und sich in dieser zurechtfinden müssen. Mit anderen Worten: Die Anpassungsleistung wird in erster Linie von den Migranten erwartet. Im Rahmen der gerontologischen Forschung beschäftigt sich die Migrationsforschung mit der Frage der Anpassung von Migranten an die Alternsprozesse. Besonders ihre „persönliche Sichtweisen von ‚erfolgreichem' Alter(n) und Lebensqualität im Alter im Aufnahmeland konfrontieren sich mit den Sozialisationsprozessen, die sie in ihrem Heimatland vollzogen haben" (Kruse, Schmitt, Dietzel-Papakyriakou & Kampanaros 2004, S. 586). Interessant ist in dieser Aussage der Begriff „Konfrontation", obwohl man ja die Alternsprozesse der Migranten als eine Altersform ansehen könnte, die auch von Gerontopsychologen betont wird. Solche Ungereimtheiten sind nicht ein Resultat des Denkvermögens, sondern eher ein Resultat der Annahmen und wahrgenommener oder nicht wahrgenommener sozialer Tatsachen. Die sozialen Strukturen können nicht ignoriert werden. Aus dieser Perspektive wird deutlich, dass eine erfolgreiche Anpassung nur dann möglich ist, wenn der Mensch nicht gegen die Masse antritt, sondern sich mit ihr bewegt.

Die strukturell-funktionale Theorie von Parsons verwendet den Begriff Anpassung („adaptation") als einen der Hauptbegriffe. Die Anpassung hat dort die Bedeutung einer funktionalen Voraussetzung, die den Weiterbestand eines sozialen Systems sichert. Anpassung ist nicht etwas Passives, sondern ein kreativer Akt („creative adjustment") – nicht, um persönliche Autonomie im gewählten sozialen Bezugssystem zu erlangen, sondern als Glied eines Systems zu funktionieren.

Der Mensch als Glied des sozialen Systems ist in der Lage, eine Umformung der Umgebung vorzunehmen (vgl. Hillmann 2007. S. 868f.), aber diese Umformung macht ihn nicht vom System unabhängig, sondern bindet ihn noch mehr an dieses. In der Medizinischen Psychologie, insbesondere in der Stressforschung, kommt der Begriff „Anpassungsdruck" oft vor. Dabei gibt es unterschiedliche Stresskonzepte, wie reaktionsbezogene und situationsbezogene. Es wird angenommen, dass die Stressreaktion auf der Aktivation neuronaler und endokriner Systeme beruht. Diese Aktivation kann durch physikalische, sozialpsychologische und aufgabenbezogene „Stressoren" hervorgebracht werden. Sie stellen für die Person Belastungen („Druck") dar, auf die sie durch „Anpassungsreaktionen" reagieren muss, damit sie in die Balance kommt (Bullinger 1994, S. 160–164).

In der Sozialpsychologie wird der Begriff „Konformität" bevorzugt. Man spricht vom „Konformitätsdruck". Damit sind Meinungen und soziale Urteile einer Gruppe gemeint, damit ein Individuum in einer Situation der Gruppenmeinung nachgibt (Ellgring 1994, S. 237). Die Konformität in diesem Sinne ist nicht die Bewältigung materieller und/oder sozialer Bedingungen, sondern ein Nachlassen unter dem Druck der Gruppe, die Angleichung an Erwartungen der sozialen Umwelt.

Dieser Überblick hat gezeigt, dass der Begriff „Anpassung", je nach Verwendungszweck unterschiedliche Bedeutungen haben kann. Die Vorstellungen, die durch diesen Begriff erzeugt werden, sind abhängig vom Wissen des Betrachters und seinem Ziel. Es bleibt aber unklar, ob sich die Anpassung an normativen Erwartungen, an situativen Bedingungen oder am Handeln anderer orientieren soll.

Oft wird der Begriff Anpassung auch wertgeladen verwendet. Implizit wird angenommen, dass es ein „gutes" oder „schlechtes", ein „erfolgreiches", „geglücktes" oder „missglücktes" oder ein „gesundes" beziehungsweise „pathologisches" Anpassen gibt. Die Bedürfnisse der Personen, die sich anpassen sollen, werden oft nicht berücksichtigt. Dagegen werden Bedürfnisse der diese Anpassung erwartenden Personen bzw. Gruppen immer berücksichtigt. Das ist ein Problem von Struktur und Handlung. Der Mensch wird dann als autonom angesehen, wenn er in der Lage ist, sich in den Augen seiner Mitmenschen als angepasst darzustellen, so dass die anderen bei ihm die Erfüllung eigener Erwartungen erkennen können. Die Menschen spielen oft das Theaterstück eines anderen. Im Gegensatz dazu nimmt Goffman (1969) an, dass die Menschen jeden Tag sich selbst neu inszenieren und ihre eigene Rolle spielen.

Der gerontologische Begriff der Anpassung

In der Gerontologie wird betont, dass das Altern ein lebenslang dauernder Prozess sei. „A nondescript colloquialism that can mean any change over time, whether during development, young adult life or senescence. Aging changes may be good (acquisition of wisdom); of no consequence to vitality or mortality risk (male pattern baldness); or adverse (arteriosclerosis)" (Finch 1990, zit. Ding-Greiner & Lang 2004, S. 182).

Aus biologisch-medizinischer Sicht ist Altern eine Veränderung auf der körperlichen und geistigen Ebene, die sich über den gesamten Lebenslauf erstreckt. Unser Körper und Geist sind von der Geburt bis zum Tod damit beschäftigt, sich an die gegebenen Umstände und Veränderungen der Umwelt anzupassen.

In der Neuropsychologie verwendet man Begriffe wie „gesundes", „normales" und „krankes" (pathologisches) Altern (Jäncke 2004, S. 207). Der biologisch-physiologische Alterungsprozess ist mit Verlusten verbunden. Im Alterungsprozess nimmt die Gehirnmasse ab, lokale Veränderungen des Gehirns treten auf und das Demenzrisiko steigt. Die Organismen haben also mit der Anpassung ein Problem, je größer der Abstand zwischen Geburt und Gegenwart ist. Früher oder später verlieren sie diesen Kampf. Ein absolutes „erfolgreiches Altern" im biologischen Sinn bedeutet, ohne Krankheit und Gebrechlichkeit bis zum Tod zu leben. Relativ erfolgreiches Altern ist dagegen, möglichst erst gegen Ende des Lebens krank zu werden und nach kurzer Zeit zu sterben (vgl. Fries 1980; „Morbiditätskompression").

Der Mensch hat deutliche Erfolge in Bezug auf seine Lebenserwartung errungen, was ihm eine längere Lebensdauer beschert hat. Die Annahme, dass seine Lebensdauer weiter ansteigen wird, ist realistisch. Auf den Gebieten der Medizin, Gentechnik und Pharmakologie, aber auch auf den Gebieten der Psychologie, Bildungs-, Sport- und Bewegungswissenschaften sind deutliche Fortschritte zu erkennen (Kruse & Wahl 2010, S. 31).

In Zukunft werden wahrscheinlich der menschliche Körper und Geist besser als heute in der Lage sein, das Ende des Lebens hinauszuzögern. Die Verlängerung der Lebensdauer als Erfolg kann auf eine bessere Anpassungsfähigkeit des Menschen an die Umweltbedingungen zurückgeführt werden – oder aber auf immer bessere Unterstützung von Medizin, Pharmazie und Gentechnik. Auf biologisch-medizinischer Ebene scheint es, als ob der Mensch ein Doping bekommen hätte und sein Leben ständig verlängert wird. „Erfolgreiches Altern" hat eine perspektivische Dimension, von der aus der Begriff Erfolg unterschiedlich bewertet wird. „Nur wenn man die marktkonforme Schönfärberei des Alters aufgibt, kann man wirkungsvoll mit dem Alter und in ihm leben." (Rosenmayr 2004, S. 21).

Mit den bloßen Begriffen „erfolgreiches Altern" oder „gelungene Anpassung" ist nicht gesagt, was damit gemeint ist. Wir müssen den Bedeutungsinhalt dieser Begriffe mit Hilfe einer Operationalisierung erschließen. Generell geht es hier um eine „erfolgreiche Anpassung" in der Hochaltrigkeit in unterschiedlichen Lebensbereichen, und es handelt sich weniger um die Konformität. „Der Anpassungsbegriff in unserem Zusammenhang hat seine volle Berechtigung. Wie beispielsweise soll man den Prozess der Bewältigung des Todes des Ehepartners besser bezeichnen als durch Anpassung an die neue Situation?" (Tews 1971, S. 86).

Daran hat sich bis heute nichts verändert. Je länger das Leben dauert, desto mehr müssen Menschen sich mit dem Prozess des Älterwerdens anfreunden. Dies gilt insbesondere für hochbetagte Frauen. Denn „soziale Probleme im Alter sind de facto zum weit überwiegenden Teil Probleme alter und hochbetagter Frauen" (Kruse & Wahl 2010, S. 219). Nicht nur der Tod des Ehepartners ist bei den hochbetagten Frauen ein häufig auftretendes Problem, sondern die hochaltrigen Frauen müssen auch fast immer damit rechnen, dass sie keine ‚Chance' mehr bekommen werden, einen neuen Partner zu finden (Kruse & Wahl 2010, S. 219).

Das gilt auch für die Türkei. Auch hier besteht die Gruppe hochaltriger Menschen zum größten Teil aus Frauen. Auch in der Türkei sind hochbetagte Frauen meistens ohne Partner. Ob sie jedoch überhaupt einen Partner wollen, wissen wir nicht.

Die Theorie der „optimalen Anpassung" von Baltes (1990) beschreibt drei Prinzipien, deren dynamische Wechselwirkungen für die Ontogenese der Architektur der menschlichen Lebensspanne, des Alters und des hohen Alters, von fundamentaler Bedeutung sind:

- die abnehmende Wirksamkeit evolutionärer Selektionsvorteile mit dem Altern
- die gleichzeitige Zunahme der Bedeutung kultureller Prozesse,
- die wiederum mit der abnehmenden Effizienz der kulturellen Prozesse im Zusammenhang steht.

Im Rahmen dieser Theorie versteht man unter dem Begriff Kultur die Gesamtheit psychologischer, sozialer, materieller und symbolischer Ressourcen. Der Grund für den Effizienzverlust kultureller Prozesse steht in einem engen Zusammenhang mit der sich im Altern verringernden Anpassungsfähigkeit. Zwar existieren im Alter und im hohen Alter noch Anpassungsfähigkeiten und die Fähigkeit der Kompensation, aber ein jenseits des 80. Lebensjahres zu beobachtender negativer Trend kann nicht bestritten werden (vgl. Helmchen, Kanowski & Lauter 2006, s. 33).

Ein auf das Alter erweiterter entwicklungspsychologischer Ansatz wurde von Baltes und Baltes (1990) vorgelegt. Dieser ist unter dem Namen SOK-Modell (Modell der Selektion, Optimierung und Kompensation) bekannt. Die Grundannahme dieses Ansatzes ist, dass die Menschen sich dann erfolgreich entwickeln, wenn sich im Rahmen ihrer in allen Lebensphasen begrenzten Ressourcen ihre Gewinne maximieren und ihre Verluste minimieren (Faltermaier, Mayring, Saup & Strehmel 2014, S. 72).

Zusammenfassend können wir sagen, dass sowohl das Alter als auch das Altern Gegenstand gerontosoziologischer und gerontopsychologischer Betrachtung sind (vgl. dazu z. B. Lehr 2003, Tews 1971, Kruse & Wahl 2010). Gerontologische Untersuchungen haben gezeigt, dass sich nicht alles im Alterungsprozess als Verlust darstellen lässt. In bestimmten Bereichen können auch Gewinne erzielt werden. In der psychologischen Gerontologie gilt die Sichtweise, dass man, alles in allem gesehen, „ein hohes Lebensalter bei psychophysischem Wohlbefinden (…) erreichen" (Lehr 1979, S. 1) kann.

Der Anpassungsbegriff in der Sozialen Gerontologie

Über erfolgreiche Anpassung im Alter existieren in der Gerontologie konkrete Vorstellungen, die bei der Entscheidung helfen können, ob ein Individuum erfolgreich bzw. geglückt altert oder nicht.

Havighurst versteht unter „erfolgreichem Altern", wenn die alternden Personen selbst einen Zustand der Zufriedenheit empfinden (Havighurts 1948; zit. Martin & Kliegel 2005, S. 25). Er sagt: „A person, who is well adjusted, lives a life that is reasonably satisfactory to himself and meets the expectations of society reasonably well" (Havighurst 1951, S. 24). Nicht nur die subjektive Zufriedenheit der Person, sondern auch die Erwartungen der Gesellschaft tragen zum „erfolgreichen Altern" bei. „Erfolgreiches Altern" hat also eine normative und eine individuell-subjektive Dimension.

Das Konzept der „Entwicklungsaufgaben" von Havighurst hat den Vorteil, dass für jede Phase des Lebens Indikatoren gefunden werden können, die die Entwicklungsaufgaben kennzeichnen. Deswegen sind sie empirisch fassbarer als etwa in Eriksons Modell. Havighurst benennt deutlicher als andere Theoretiker (z. B. Erikson und Bühler) auch die Einflüsse der Gesellschaft. Die Entwicklungsaufgaben müssen jedoch kulturell und historisch relativiert werden, weil die sozialen Erwartungen an Menschen sich anders darstellen und verändern (Faltermaier et al., 2014, S. 63).

Sowohl subjektive als auch normative Komponenten der gerontologischen Definitionen des Anpassungsbegriffs bzw. des „erfolgreichen Alterns" werfen einige Probleme auf. Die subjektive Komponente, d. h. die Lebenszufriedenheit und das persönliche Wohlbefinden, müssen dahingehend untersucht werden, ob sie überhaupt valide Kriterien für ein erfolgreiches Meistern veränderter sozialer Situationen sind. Bei der normativen Komponente müsste man fragen, ob überhaupt einheitliche normative Erwartungen existieren und wie sie empirisch erfasst werden können. Ändert man seine eigene gerontologische Sichtweise bzw. gerontologische Philosophie, dann werden andere Dinge wichtig. Die unterschiedlichen Sichtweisen über das Altern werden in den gerontologischen Alternstheorien vertreten. Für den Leser, dem die gerontologischen Sichtweisen über das Altern nicht bekannt sind, soll folgend ein Überblick über gerontologische Alternstheorien dargeboten werden. Außerdem hilft dieses Vorgehen auch zu sehen, wie die theoretischen Überlegungen in diese Untersuchung eingeflossen sind. Es wird sich auch zeigen, dass in der Türkei dieses Vorgehen notwendig ist.

Eine wissenschaftliche Analyse setzt Vororientierung voraus. Die Wissenschaftler sollten sich ihren Leserinnen und Lesern verpflichtet fühlen, warum sie sich für eine bestimmte theoretische Perspektive entschieden haben. Das setzt aber voraus, dass die Leserinnen und Leser für diese Bewertung notwendige Informationen bekommen. Nur dann sind sie in die Lage versetzt, diese Bewertung selbst vorzunehmen und die vorliegende Arbeit kritisch zu bewerten.

Sozialgerontologische Alternstheorien

Aktivitätstheorie

Die Aktivitätstheorie in USA wurde von Robert Havighurst und Bernice Neugarten und in Deutschland von Rudolf Tartler vertreten. Dieser Theorie zufolge ist im Alter das Gefühl „gebraucht zu werden" besonders wichtig, und mit dem Übergang in die Lebensphase Alter sind keine Veränderungen persönlich bedeutsamer Normen, Bedürfnisse und Werte verbunden. Die altersgebundenen Veränderungen scheinen eher den persönlichen Interessen zu widersprechen und werden von der Gesellschaft aufgezwungen. Mit dem Lebensalter verbundene Erscheinungen wie Ausgliederung aus dem Berufsleben, sind Phänomene der Industrialisierung, Verstädterung und Veränderung der Familienstruktur (Kruse & Wahl 2010, S. 227–228).

Disengagement

Die Disengagement-Theorie von Elaine Cumming und Wilhelm Henry (1961) ist ein soziologischer Ansatz, der als Reaktion gegen die „realitätsfernen Annahmen" der

Aktivitätstheorie entstanden ist. Sie basiert auf der Überzeugung, dass der Rückzug aus dem aktiven Leben und Vorbereitung auf das Lebensende den Bedürfnissen des alten Menschen entsprechen (Witterstätter 2003, S. 232). Der Mensch soll sich im Alter auf sich selbst zurückziehen und sich auf das bevorstehende Lebensende einstellen. „Man hat dieser als unnatürlich und inhuman empfundenen Disengagement-Theorie vorgeworfen, sie sei lediglich eine Legitimation für die berufliche Ausgliederung der älteren Arbeitnehmer" (Witterstätter 2003, S. 128).

Grundlegend für das Verständnis dieser Theorie ist der Strukturfunktionalismus von Talcott Parsons. Nach der Theorie von Parsons spiegeln die gesellschaftlichen Normen und Institutionen die gesellschaftlichen und individuellen Interessen wider. Zum wesentlichen Unterschied gegenüber der Aktivitätstheorie gehört, dass die Disengagement-Theorie eine „eigenständige, qualitativ neue Lebensphase konzeptualisiert, die neue Anforderungen an den Einzelnen stellt" (Kruse & Wahl 2010, S. 231): Angesichts der körperlichen und geistigen Verfassung rückt die eigene Endlichkeit stärker ins Bewusstsein; daraus entsteht das Bedürfnis, sich auf den unvermeidlichen Tod vorzubereiten; daraus wiederum entwickelt sich die Möglichkeit, sich aus den gesellschaftlichen Rollen zurückzuziehen sowie Bindungen zwischen Person und Gesellschaft zu lockern oder ganz zu lösen. Diese Bedürfnisse zu berücksichtigen komme auch der Gesellschaft zugute, denn nur so könne sichergestellt werden, dass relevante Rollen auf Dauer angemessen ausgefüllt werden und nur so können jüngeren Menschen Möglichkeiten angeboten werden, neue Rollen zu übernehmen.

Kontinuität

Die Kontinuitätshypothese (Rosow 1963, Atchley 1971) geht von der Annahme aus, dass die Kontinuität der Lebenssituation über erfolgreiche bzw. nicht erfolgreiche Anpassung im Alternsprozess entscheidet. Kontinuität liegt dann vor, wenn nur wenige Änderungen eingetreten sind. Dabei wird die allgemeine Lebenssituation mit den quasi-objektiven sozialen Indikatoren gemessen. Dagegen ist die Diskontinuität negativ zu bewerten. Die Aufhebung der belastenden Lebensbedingungen stellt dabei die Ausnahme dar.

Nach Rowe und Kahn (1987) können Menschen nur dann gelingend altern, wenn die Funktionstüchtigkeit ihres Organismus auf dem normalen, ihrem biologischen Alter entsprechenden, Niveau mindestens anhält, keine ernsthaften Erkrankungen eintreten, sie ihre psychologischen Bedürfnisse befriedigen und am gesellschaftlichen Leben teilhaben. Somit wird die Lebensphase Alter vom chronologischen Alter und von den damit verbundenen Vorurteilen entbunden.

Die *Kontinuitätstheorie* von Robert Atchley integriert Aktivitäts- und Disengagement-Theorien. Je nach Situation kann Aktivität oder sozialer Rückzug mit höheren Anpassungs- und Zufriedenheitswerten einhergehen. Grundlegend für das Verständnis dieser Theorie ist die Annahme eines Bedürfnisses nach Kontinuität. Atchley unterscheidet dabei zwischen *innerer und äußerer Kontinuität*. Innere Kontinuität bedeutet die Kontinuität der psychischen Einstellungen, Ideen, Eigenschaften des Temperaments, der Affektivität, der Erfahrungen und Fähigkeiten. Äußere Kontinuität bezieht sich auf die kognitive Repräsentation räumlicher und sozialer Umwelt und der Beziehungen. „Die Erfahrung äußerer Kontinuität resultiert aus dem Leben und Verhalten in vertrauter Umgebung, aus der Ausübung vertrauter Handlungen und der Interaktion mit vertrauten Menschen" (Kruse & Wahl 2010, S. 233).

Jede Auseinandersetzung mit der eigenen Identität vollzieht und bezieht sich in einem sozialen Bezugsrahmen. Sie bezieht sich auch darauf, wie eine Person sozial wahrgenommen wird und welche Erwartungen von bedeutsamen Bezugspersonen und gesellschaftlichen Institutionen bestehen. Die Selbstwahrnehmung einer Person ist mit der sozialen Umwelt verbunden. Dabei spricht man von der sozialen Identität. Das Erlebnis der Kontinuität in zentralen Personenmerkmalen hat eine *biographisch-vertikale* und eine *sozial-horizontale* Dimension. Die erste Dimension äußert sich im subjektiven Gefühl der Kontinuität über die Zeit. Wenn jemand sich mit früheren und zukünftigen „Bildern" von sich selbst vergleicht, dann erlebt er trotz Veränderungen oft die Kontinuität seiner Person, d. h. er erlebt seine Identität. Die zweite Dimension hat mit dem in verschiedenen sozialen Situationen konsistent handelnden Selbst zu tun. Wenn eine Person ihr Handeln in unterschiedlichen Lebensbereichen und Situationen des Alltagslebens beurteilt, dann erlebt sie oft eine innere Konsistenz, d. h. sie handelt als identische Person (Faltermaier et al. 2014, S. 84f.)

Aus dieser Perspektive heraus kann die Kontinuität als eine individuelle Leistung und ein individuelles Bedürfnis bezeichnet werden. Die Herstellung von Kontinuität wirkt sich einerseits auf die im Lebenslauf entstandene Aktivitäts- und Rückzugsmuster aus, andererseits auf die gedanklich vorweggenommene Entwicklung individueller Lebenssituationen und Veränderungen.

Kognitive Repräsentanz

Als dualistisches Wesen fragt der Mensch oft, wie das Verhältnis zwischen seinem Leib und seiner Seele ist, also wie seine physischen und mentalen Zustände sind. Daraus resultieren Verhaltensweisen, Ziele und Wahrnehmung des Selbst. Zum Beispiel ist die Verwitwung ein wesentlicher Faktor, der eine Krise auslösen kann. Dibelius (2000, S. 159) spricht in diesem Zusammenhang von „Krisen des Alters". Sie ist also ein Wendepunkt im persönlichen Leben.

Am Tod eines geliebten Menschen entzündet sich u. a. die Frage nach seinem Wesen. Die Antwort, dass das Seelische mitstirbt und in der Erinnerung lebender Menschen weiterexistiert, hat Menschen nie ganz befriedigt (Benesch 1992, S. 37).

Obwohl Menschen emotionale Wesen sind und in ihren Handlungen oft ihren Emotionen folgen, handeln sie eigentlich bewusst. Der Mensch konzentriert sich hauptsächlich auf Symptome, die ihn selbst betreffen. Sie bewerten subjektiv ihre Situation und leiten daraus für sich Hypothesen ab. Je nach ihren Erwartungen unternehmen sie etwas oder tun nichts. Die Wahrnehmung der Situation und deren kognitive Bewertung kann zur aktiven Handlung führen oder man bleibt passiv, wartet die Folgen ab. Handlungen der Person hängen von den Interpretationen der Symptome seitens der Person selbst ab. Dabei spielt der momentane Gefühlszustand eine wichtige Rolle. Die Interpretation der Situation hat Auswirkungen auf das Befinden der Person. Wenn jemand seine Situation als prekär interpretiert und dabei sich selbst die Schuld gibt, kann sein Befinden davon wesentlich negativer beeinflusst werden als etwa bei einer anderen Person, die in ähnlicher Situation ist, aber keine Schuldgefühle hat.

Für die kognitive Theorie des Alter(n)s (Thomae 1973) ist der funktionale Bezug des Menschen zu gesellschaftlichen Erfordernissen uninteressant. Sie betont die subjektive Seite des individuellen Erlebens und Wahrnehmens und deren Bedeutung für die Wirksamkeit von Ereignissen. *Das Modell der kognitiven Repräsentanz* nimmt an, dass das gegenwärtige Erleben und Verhalten von Menschen von zurückliegenden Erfahrungen sowie der Auseinandersetzung mit diesen abhängt. Die früheren Ereignisse sind Ursachen für spätere Erlebens- und Verhaltensstrukturen (Thomae 1998).

Diese Theorie kann das Erleben beschreiben und erklären. Sie beschreibt den Zusammenhang zwischen subjektiver Einschätzung und objektiver Leistungsfähigkeit. Entscheidende Aussage dieses Ansatzes ist, dass nicht in erster Linie die objektive Situation, sondern ihre Wahrnehmung durch die Betroffenen das Erleben und Handeln bestimmt (Backes & Clemens 2013, S. 179).

Weitere gerontologische Theorien im Überblick

Ein Überblick über Theorien der Gerontologie soll nicht nur als informatives Unterfangen des Verfassers betrachtet werden, sondern der Leser soll dabei auch erkennen, dass man dasselbe Thema aus vielen anderen Perspektiven wissenschaftlich bearbeiten kann. Ferner soll es ihn animieren, darüber weitere eigene Gedanken zu entwickeln.

Eine Klassifikation gerontologischer Theorien bieten Wahl und Heyl (2004, S. 137) an. Sie klassifizieren gerontologische Theorien in Theorien „universeller" und „differentieller" Betonung von Veränderungen und Kontinuität. Es gibt gerontologische Theorien in der Kategorie „Betonung universeller Elemente", die sich in zwei weitere Kategorien teilen: Veränderungstheorien und Kontinuitätstheorien. Dasselbe gilt auch für Theorien mit der „Betonung differentieller Elemente".

Tab. 1   Schema zur Ordnung von Theorien der Gerontologie (Quelle: Wahl & Heyl 2004, S. 137).

	Betonung *universeller* Elemente	Betonung *differentieller* Elemente
Veränderungs-theorien	Theorien, die alternsbezogene Veränderungen thematisieren und die Universalität ihrer Annahmen betonen	Theorien, die alternsbezogene Veränderungen thematisieren und Verschiedenheit solcher Veränderungen zwischen Personen betonen
Kontinuitäts-theorien	Theorien, die alternsbezogene Kontinuität thematisieren und die Universalität ihrer Annahmen betonen	Theorien, die alternsbezogene Kontinuität thematisieren und Verschiedenheit solcher Kontinuität zwischen Personen betonen

„Eine Betonung universeller Elemente bedeutet die Zugrundelegung der Annahme, dass die in der jeweiligen Theorie beschriebene und erklärte Veränderung oder Kontinuität für alle alternden Individuen in weitgehend ähnlicher Weise zu beobachten ist. (…) Eine Betonung differentieller Elemente hingegen ist die Zugrundelegung der Annahme, dass die in der jeweiligen Theorie beschriebene und erklärte Veränderung oder Kontinuität für alternde Individuen in deutlich verschiedener Weise zu beobachten ist" (Wahl & Heyl 2004, S. 137–138).

Eine weitere Klassifizierung wird entwickelt, indem gerontologische Theorien „thematisch" und „meta-perspektivisch" unterteilt werden (Wahl und Heyl 2004, S. 140–141). Tabelle 1 soll zum weiteren Verständnis dienen und einen Überblick der gerontologischen Theorienlandschaft geben.

Als gerontologische „Basiskonzepte" sind Plastizität, Gesundheit und Krankheit, Krise und Bewältigung sowie schwierige Lebenslagen genannt. Dahinter stehen Begriffe wie Entwicklungstheorien, biologische und medizinische Alternstheorien, psychologische Alternstheorien und soziologische Alternstheorien (vgl. Wahl & Tesch-Römer 2000).

Die Besonderheit des Alters aus medizinischer Sicht ist vor allem dadurch gegeben, dass die alten Menschen häufiger als jüngere Menschen Krankheiten oder krankheitsbedingte Behinderungen erleben. Insbesondere leiden die Hochbetagten gleichzeitig unter mehreren chronischen Krankheiten. Aus medizinischer Sicht bedeutet Altern im allgemeinen Sinn: „ontogenetische Evolution in ein zunehmendes Überwiegen des Abbaus von Substanz, Struktur und Funktion" (Helmchen, Kanowski & Lauter 2006, S. 21).

Biologisch und physiologisch geht es bei allen Menschen gewissermaßen ständig bergab. Das ist die objektive Seite der unter Gesundheit und Krankheit aufgefassten gerontologisch-medizinischen Sichtweise. Dem gegenüber stehen subjektive Gesundheitsvorstellungen, die sich erst mit den Krankheitserfahrungen entwickeln (Zank 2000, S. 44–48).

In der gerontologischen Forschung und Theorieentwicklung haben die Begriffe Krise und Bewältigung einen wichtigen Platz eingenommen. Krisenhafte Situationen sind „belastende Diskrepanz (…) zwischen dem, was eine Person für gut, wünschens- und erstrebenswert hält, und dem, was in der subjektiven Sicht der Fall ist oder der Fall sein könnte" (Wentura & Greve 2000, S. 49).

Im Alter wird der Mensch gezwungen, mit unterschiedlichen Krisen zu kämpfen und zu versuchen, sie zu bewältigen. Die körperliche und geistige Leistungsfähigkeit lässt in der Regel nach. Die verbleibende Zeit wird kürzer. Wichtige Bezugspersonen sterben. Diese und andere Krisen können durch die adaptiven Bewältigungsreaktionen reguliert werden und zwar so „dass die bedrohten Soll-Werte sich derart verändern, dass die Diskrepanz verringert oder gänzlich aufgelöst wird" (Wentura & Greve 2000, S. 51).

Aus sozialgerontologischer Perspektive ist das Alter eine Lebensphase, in der altersbedingte soziale Probleme fokussiert werden, die man in den früheren Lebensjahren nicht wahrgenommen oder nicht für wichtig erachtet hat (Backes & Clemens 2000, Backes & Clemens 2013).

In den letzten Jahren hat das „Lebenslagenkonzept" bei der Lösung der Altersprobleme durch wissenschaftliche Sozialpolitik einen wichtigen Stellenwert bekommen. Nach Schulz-Nieswandt (2006, S. 27) ist die Lebenslage eine Konzeption von Sozialpolitikanalyse, die eine große, fächerübergreifende Integrationskraft besitzt. Nach Schmitt (2000, S. 55), macht die Öffnung der sozialpolitikwissenschaftlichen Perspektive das Lebenslagenkonzept für die Gerontologie besonders attraktiv.

Nach Tufan (2007) ist die Hochaltrigkeit nicht bloß ein individuelles, sondern auch ein gesellschaftlich-politisches Problem. „Erfolgreiches Altern" in diesem Sinn bedeutet auch eine erfolgversprechende Gestaltung der Alterspolitik. In der Türkei ist bislang nicht gelungen, eine Politik für das Alter(n) in die allgemeine Sozialpolitik zu integrieren. Die Probleme der Hochaltrigkeit können oft auf die Lebenslagen zurückgeführt werden, die mit dem Lebenslauf zusammenhängen. Diese Untersuchung will nicht nur die gegenwärtige Situation der hochaltrigen Menschen darstellen, sondern auch die politische Relevanz dieser Situation betonen.

Nachdem nun stichwortartig einige Basiskonzepte der Gerontologie vorgestellt worden sind, soll zusammenfassend über gerontologische theoretische Ansätze gesprochen werden, die manchmal als Theorie und manchmal als Ansatz bezeichnet werden. Da in der Türkei das Alter(n) immer noch hauptsächlich als ein biologisches Phänomen wahrgenommen wird und dabei die psychischen und insbesondere das Altern und Alter strukturierenden sozialen Faktoren wahrgenommen werden, sind diese Basiskonzepte relevant, weil sie unterschiedliche Dimensionen des Alter(n) s sichtbar machen.

Die Zusammenstellung der Alternstheorien zeigt, dass die Hochaltrigkeit von mehreren Perspektiven aus untersuchen kann (Wahl & Heyl 2004):

Biologische Alternstheorien thematisieren mit dem Altern verbundene Veränderungen auf der Molekular- und Zellebene bzw. Organ- und Organismus-Ebene (S. 142). Hier wären z. B. Unterschiede der hochaltrigen menschlichen Organismen von allgemeinem Interesse.

Medizinische Alternstheorien thematisieren den Übergang in das krankhafte Altern, der mit schwerwiegenden Funktions- und Selbständigkeitsverlusten einhergeht (S. 143). Man könnte die Frage aufstellen, ob das krankhafte Altern tatsächlich mit dem Alterungsprozess oder eher mit der Umwelt im Zusammenhang steht.

Sozialwissenschaftliche Veränderungstheorien des Alterns betonen entweder das Sich-Zurückziehen oder die Aktivität. Viele Theorien können auf diese beiden Ebenen reduziert werden, z. B. geht das Konzept des „Social Breakdown" von der Annahme aus, dass der Austausch mit der sozialen Umwelt für die Entwicklung und Aufrechterhaltung des Selbst zentral ist (S. 143).

Entwicklungstheorien: Begriffe wie Entwicklung, Veränderung und Aufrechterhaltung stehen mit dem Begriff Kontinuität in Verbindung. Zum Beispiel geht man bei dem Altersstratifizierungsmodell von der Annahme aus, dass die wichtigen sozialen Rollen an bestimmte Lebensabschnitte normativ gekoppelt sind. Gesellschaftliche Normen für die Lebensplanung seien entscheidend. Sie bestimmen, wann und welche Rollen opportun sind oder nicht (S. 143). Hier wäre z. B. interessant zu fragen, wie man die Normen des Alters zu Gunsten des Individuums durch alterspolitische Interventionen beeinflussen könnte, die auch der Gesellschaft gut bekommen würden.

Lebenslauftheorien gehen von der Annahme aus, dass es sinnvoll ist, einzelne Lebensphasen voneinander zu unterscheiden. Sie erwarten eine Gesetzmäßigkeit dahingehend, dass grundsätzlich jede Person solche Phasen durchlaufen muss. Sie unterscheiden sich hinsichtlich der Art der jeweils angenommenen Phasen und der jeweils unterstellten Durchgangsdynamik (S. 144). Auch hier wird das Altern, wie es von der jeweiligen Gesellschaft definiert wird, wahrgenommen. Man könnte z. B. durch diese Theorien unterschiedliche Gesellschaften bezüglich des Alterns vergleichen, in dem man die Hauptpfeiler in der jeweiligen Gesellschaft bezüglich des Alterns miteinander vergleicht.

Theorien zur Entwicklung der menschlichen Intelligenz: Vor allem die sog. Zweikomponententheorie der geistigen Leistungen von Cattel und Horn spielt eine herausragende Rolle. Dabei wird zwischen der „fluiden" und der „kristallinen" Intelligenz unterschieden. Man spricht von mechanischen und pragmatischen Leistungen (S. 144). Aus der Perspektive der Hochaltrigkeit gilt es, die kognitive Leistungsfähigkeit bis zum Lebensende auf einem hohen Niveau zu behalten. Wegen der immer länger werdenden Lebensdauer ist dies von großer Bedeutung.

Theorien über Veränderungen im Bereich der sozialen Beziehungen: Im *Social Convoy* Ansatz wird angenommen, dass sich der Mensch im Zuge seiner Entwicklung an soziale Netzwerke bindet, die im höheren Alter bei Verlusterlebnissen eine „support bank" bilden, auf die zurückgegriffen werden kann.

Eine weitere Theorie ist die *sozioemotionale Selektivitätstheorie des Alterns*. Eine zentrale Annahme dieses Ansatzes ist, dass sich die primäre Motivation für soziale Beziehungen im Laufe des Lebens verändert. Dies wird mit der Veränderung der Zeitperspektive begründet. Während in jüngeren Jahren die Informationsfunktionen sozialer Beziehungen bedeutsam sind, werden im hohen Alter die Intimitäts- und Vertrauensfunktionen wichtiger.

Konzepte der *Zeitperspektive* betonen, dass die Menschen antizipative Wesen sind. Sie neigen in ihren Handlungen dazu, Zukunftserwartungen zu generieren. Ihre Handlungen sind an Zielen ausgerichtet (S. 145).

Thematisch orientierte Alternstheorien mit Betonung differentieller Elemente: **Genetische Alternstheorien.** Ausgangspunkt dieser Theorien ist, dass die unterschiedlichen Alternsverläufe durch genetische Einflüsse mitbestimmt oder in Teilen sogar determiniert sind (S. 146).

Der Ansatz *der Behinderungsentwicklung* („Disablement Process"), nimmt an, dass beim Altern gleichzeitig universelle und differentielle Elemente eine Rolle spielen. Vor allem die Risikofaktoren wirken auf das Altern differentiell, und deswegen können die Selbständigkeitsverluste der alternden Personen sehr unterschiedlich sein (S. 147).

Rolle der Umwelt und Positionierung im sozialen System: Sie wird im *Lebenslagenkonzept des Alterns* verwendet und betont vor allem materielle Bedingungen, z. B. Einkommen, Bildung und Wohnstandard. Die Veränderungen im Alterungsprozess sind die Folgen der objektiven Welt (S. 147).

Ökologische Theorien des Alterns: Sie sprechen von unterschiedlichen „Passungen" zwischen Kompetenzen der Person und den Umweltbedingungen. Die Passungen können im Einzelfall deutliche Unterschiede zeigen.

Ansätze über Lebensstile: Sie versuchen, Altersveränderungen und Unterschiede in Alternsgestaltung zwischen Personen damit zu erklären, dass neue Prioritäten in der Gestaltung des Alltags und des alltäglichen Lebensvollzugs gesetzt werden (S. 147).

Kognitive Theorie des Alterns: Sie ist eine psychologische Veränderungstheorie, die differentielle Elemente des Alterns betont. Vor allem das Konzept des subjektiven Lebensraums ist wichtig. Ähnliche Alternsbedingungen können je nach Biographie und motivationaler Lage von Person zu Person höchst unterschiedlich bewertet und erlebt werden. Z. B. betont der *Androgynisierungsansatz des Alterns*, dass Männer weniger männlich (sie werden weicher) und Frauen weniger weiblich (sie werden härter) werden. Dieser Ansatz stellt vor allem die geschlechtsspezifischen Veränderungen heraus (S. 147–148).

Ansätze zum Verlauf der Intelligenz: Sie sind das Pendant bei den *thematisch orientierten* Ansätzen zu den kognitiven Theorien. Hier wird angenommen, dass *Erfahrung und Lebenswissen orientierte kognitive Leistungen (kristalline/pragmatische Leistungen)* im Alterungsprozess stabil bleiben. Die Wissensbestände einer Person hängen nicht von den biologischen Veränderungen dieser Person ab (S. 147–148).

Aktivitätstheorie des Alterns: Sie geht von der Annahme aus, dass höhere Aktivität im höheren Lebensalter zu höherer subjektiver Lebenszufriedenheit und zu einer allgemein besseren Anpassung führt, während geringe Aktivität das entgegengesetzte Ergebnis zur Folge hat (S. 149).

Trait-theoretische Persönlichkeitstheorien des Alterns: Sie betonen auch die Kontinuität. Die Persönlichkeitszüge, z. B. Extraversion, Offenheit gegenüber neuen Erfahrungen, Neurotizismus, Gewissenhaftigkeit und Verträglichkeit, bilden sich in der frühen Phase des Lebens und bleiben bis zum Eintritt des Todes relativ stabil (S. 149).

Ansätze zum Selbst und Selbstbild: Sie wollen die Frage beantworten, wie sich Personen selbst definieren und welche Bereiche dabei zentral sind. Damit betreffen sie den Kern der Persönlichkeit und Identität. Auch hier wird Kontinuität angenommen. In Bereichen wie Gesundheit/Krankheit bilden sich zwar Bedeutungsverschiebungen im Selbsterleben, aber die Persönlichkeit und Identität werden davon nicht betroffen (S. 149).

Lebensbilanzansatz: In diesem Ansatz geht man von der Annahme aus, dass es für ein gutes, „erfolgreiches Altern" entscheidend ist, interindividuell sehr unterschiedliche Alltagsgestaltungsweisen im Alter zu bewahren und auszuleben (S. 150). Auch dieser Ansatz betont die Kontinuität.

Ansätze zur Stabilität von Lebenszufriedenheit und psychischer Widerstandsfähigkeit: Sie versuchen zu erklären, warum trotz aller mit dem Altern verbundener Verluste die individuelle Lebenszufriedenheit relativ stabil bleibt und die Depressionsrate im Alter nicht nach oben steigt. Dabei wird angenommen, dass die Menschen von vielen Möglichkeiten Gebrauch machen, z. B. sich mit anderen vergleichen, denen es noch schlechter geht, um dadurch die eigene Befindlichkeit zu steigern (S. 150).

Zusammenfassend kann man sagen, dass die Betonung des Begriffs „Altern" bzw. „Alter" einen Ansatz noch lange nicht „gerontologisch" macht oder es sich dabei gar um eine „gerontologische Theorie" handelt. Schon aus diesem kurzen Überblick kann man erkennen, dass die meisten der Annahmen auch auf andere Lebensphasen übertragen werden könnten.

Insgesamt ist als Fazit jedoch festzustellen: Wir haben durch die Betrachtung der gerontologischen Theorien einen Weg gefunden, wie das Erleben der Hochaltrigkeit analysiert werden kann. Dabei sind wir von sozialen Normen ausgegangen. Danach haben wir die Begriffe Situation und Kontext ins Spiel gebracht. Damit wurde eine Basis für Person-Umwelt-Beziehungen geschaffen. Dann haben wir die Begriffe Entlastung, Nichtverantwortlichkeit und Autonomie für unseren Fall definiert bzw. ausgeführt, was darunter zu verstehen ist. Implizit haben wir behauptet, dass die Hochaltrigkeit eine Lebensphase ist, in der Altersprobleme überwiegen. Deswegen wurde auf deren Bewältigung eingegangen und über mögliche Reaktionen gesprochen. Dabei kamen Begriffe wie aktive Bewältigung und passive Akzeptanz zum Vorschein. Wir haben Aktivitäts-, Disengagement- und Kontinuitätstheorien kennengelernt sowie weitere gerontologische Theorien erwähnt. Damit haben wir für die Entwicklung eigener Hypothesen, die in dieser Untersuchung geprüft werden sollen, eine allgemeine gerontologische Basis geschaffen.

Entwicklung der Forschungshypothese 3

Empirische Forschung sucht nach Erkenntnissen durch systematische Auswertung von Erfahrungen. Sie orientiert sich an wissenschaftstheoretischen Positionen des kritischen Rationalismus (Popper 1982, Bortz & Döring 2006, S. 2). Dabei sollen nicht unvollständige Erklärungen, Definitionen oder Vermischungen von Definitionen fälschlich als Theorien bezeichnet werden (Schnell, Hill und Esser 2005, S. 56).

Wir gehen hier von der Annahme aus, dass die Kontinuität des Alterns den Erfolg oder Misserfolg im Alterungsprozess des Menschen bestimmt und dies letztendlich ein von der Person selbst eingeschätztes Resultat über ihr persönliches Leben ist. Von dieser Hypothese ausgehend, soll die Hochaltrigkeit in der türkischen Gesellschaft analysiert werden. Dabei müssen wir aber weitere Annahmen treffen, um diese Hypothese weiter zu präzisieren.

Notwendigkeit einer vom Lebensalter unabhängigen Betrachtung

Das Alter als Lebensphase lässt sich in mehrere Phasen unterteilen. Dabei ist die Hochaltrigkeit als die letzte Altersphase zu verstehen.

Peter Laslett (1995, S. 277) unterscheidet zwischen dem „dritten Alter" und „vierten Alter". Leopold Rosenmayr (1996, S. 35) spricht gar von einem „fünften Lebensabschnitt" innerhalb der Lebensphase Alter. In vielen gerontologischen Publikationen spricht man von den „jungen Alten", „alten Alten" oder „rüstigen Alten". Hinter diesen Begriffen steht das Konzept des *funktionalen Alters*. Also nicht das Lebensalter, sondern vorhandene körperliche, psychische, soziale Funktionstüchtigkeit ist ausschlaggebend (Backes & Clemens 2013, S. 23).

Die Funktionstüchtigkeit erleidet mit zunehmendem Lebensalter Verluste. Es ist zu erwarten, dass die Vitalkapazität der 80-jährigen und älteren Menschen im

© Springer Fachmedien Wiesbaden GmbH, ein Teil von Springer Nature 2019
İ. Tufan, *Langlebigkeit in der Türkei*, Dortmunder Beiträge zur
Sozialforschung, https://doi.org/10.1007/978-3-658-26024-8_3

Vergleich zu 20-jährigen um etwa ein Drittel geringer ist. Die Atmungsfunktion etwa büßt 50 % von ihrer Leistung ein (Häfner, Beyreuther & Schlicht 2010, S. 27). Mit ansteigendem Lebensalter sinkt das Gesamtvolumen des Gehirns. „Vom jungen Erwachsenenalter bis zum hohen Lebensalter (ca. 90 Lebensjahre) wurden Reduktionen von ca. 12–14 % in der grauen Substanz (Gebiete des Gehirns, die vorwiegend aus Nervenzellkörpern bestehen) und von ca. 23–26 % in der weißen Substanz (Gebiete, die vor allem aus langen Nervenzellfasern bestehen) gefunden" (Kolassa, Glöckner, Leirer & Diener 2010, S. 42f.).

Es ist zu erwarten, dass die Verluste der Funktionstüchtigkeit sich auf der biologischen, psychischen und sozialen Ebenen auswirken. Zum Beispiel: Wenn die Mobilität eingeschränkt ist, könnten soziale Beziehungen nicht mehr aufrechterhalten werden – oder die Eingeschränktheit der Mobilität könnte eine depressive Stimmung bei der Person hervorrufen.

Wenn Individuen unterschiedlichen Lebensalters betrachtet werden, dann sollte dafür gesorgt werden, dass der Faktor „Lebensalter" als unabhängige Variable seine Wirkung verliert, damit Vergleiche angestellt werden können. Ohne diese Neutralisierung des Lebensalters können bei den Hochbetagten nur noch Verluste bezüglich der Funktionstüchtigkeit festgestellt werden. In unserer Untersuchung wurde diese „Neutralisierung" bezüglich des Lebensalters dadurch erreicht, indem wir nur Personen, die 80 Jahre und älter sind, in die Stichprobe aufgenommen haben.

Definitionen der Untersuchung

Das Altern ist gleichzeitig ein biologisches, psychisches und soziales Phänomen. In Bezug auf die Kontinuität soll von „erfolgreichem Altern" gesprochen werden, wenn folgende Annahmen zutreffen:

- **Indikator 1:** „Erfolgreiches Altern" ist, wenn das Individuum seinen eigenen Organismus nicht – mehr als früher – als eine Last erlebt. (ORGANISMUS EBENE).
- **Indikator 2:** „Erfolgreiches Altern" ist, wenn das Individuum heute ein gleiches positives Selbstbild hat, zumindest nicht mehr als früher an Einsamkeit, Angst und Langeweile leidet (PSYCHISCHE EBENE).
- **Indikator 3:** „Erfolgreiches Altern" ist, wenn das Individuum heute genauso wie früher die soziale Nahumwelt, bestehend hauptsächlich aus Familie, Nachbarn, Verwandtschaft und sonstigen Bekannten, als befriedigend erlebt (SOZIALE EBENE).

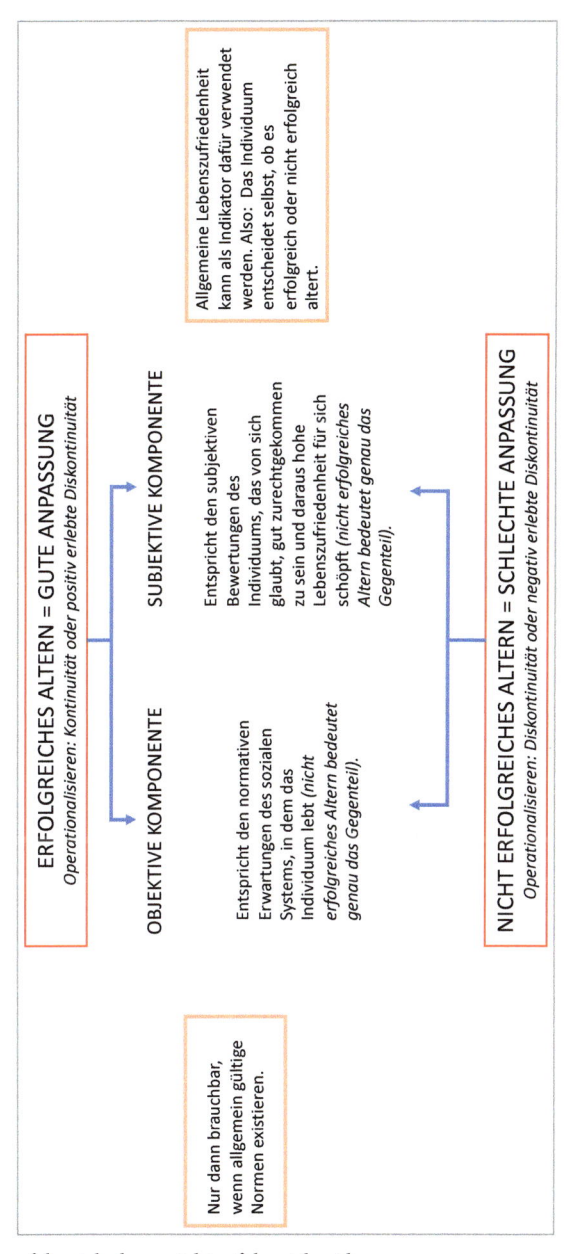

Abb. 1 Das erfolgreiche bzw. nicht erfolgreiche Altern.

Allgemeine Lebenszufriedenheit

In der Gerontologie spielt das Konzept der „allgemeinen Lebenszufriedenheit" der älteren Menschen eine große Rolle. Daraus kann die momentane Zufriedenheit relativ gut abgeleitet werden. Die Lebenszufriedenheit kann also ein Indikator des „erfolgreichen Alterns" sein. Unsere Annahme lautet: Jeder Mensch kann selbst entscheiden, ob er erfolgreich altert oder nicht bzw. mit seinem Leben zufrieden ist oder nicht, auch wenn dies für den außenstehenden Betrachter kaum logisch erscheinen mag.

Diese Annahme erfordert, dass das Individuum in der Lage sein muss, diese Entscheidung über die Lebenszufriedenheit selbst zu treffen. Das erfordert nicht nur, dass es geistig dazu in der Lage sein muss, sondern auch, dass die Fragen nicht unter Berücksichtigung „sozialer Erwünschtheit" beantwortet werden.

Wir nehmen an, dass die Befragten unsere Fragen nicht nach sozialer Erwünschtheit beantwortet haben. Letztlich können wir aber nicht absolut sicher sein. Wir haben auf die Kontrolle der sozialen Erwünschtheit durch bestimmte Fragetechniken verzichtet, weil wir die Anzahl der Fragen und die Belastung der Personen möglichst reduzieren wollten.

Eine weitere Annahme ist, dass „erfolgreiches Altern" nur dann möglich ist, wenn in verschiedenen Lebensbereichen eine Kontinuität oder positiv erlebte Diskontinuität besteht. Jede Art von Diskontinuität (außer positive) wirkt sich dann auf die Lebenszufriedenheit negativ aus.

Um die allgemeine Zufriedenheit feststellen zu können, wurden Kontinuitäten bzw. Diskontinuitäten in vier Dimensionen (Organismus, Psyche, soziale und physische Umwelten) erfasst. Daraus wurden im Rahmen der Kontinuitätshypothese über die Lebenssituation der Hochbetagten Schlüsse gezogen.

Hier geht es zuerst darum, in den genannten Dimensionen (Determinanten) die Hypothesen zu entwickeln und sie dann zu operationalisieren. Wir suchen geeignet erscheinende Definitionen des „erfolgreichen Alterns" und deren Indikatoren, die wir empirisch analysieren wollen. Dabei wird angenommen, dass sich die gewählten unabhängigen Merkmale auf die abhängigen Variablen so auswirken, dass sie den Erfolg bzw. Misserfolg des Alterns bestimmen. Somit stellen wir die Hochaltrigkeit mit dem Konzept des „erfolgreichen Alterns" in einen bestimmten Zusammenhang.

Im Zusammenhang mit der zu prüfenden Hypothese entsteht zuerst die Frage, ob bedeutsame Bereiche existieren, in denen sich die Kontinuität bzw. Diskontinuität in der Hochaltrigkeit gravierender auswirkt als in anderen Bereichen. Wenn man bedenkt, dass die Lebenssituation eines Menschen zu jeder Zeit von einer Vielzahl von Faktoren bestimmt wird, dann ist es kaum möglich, alle diese Faktoren zu berücksichtigen. Deswegen müssen wir die wesentlichen Faktoren erst finden. In den gerontologischen Studien haben sich Lebensbereiche herauskristallisiert, die im höheren Lebensalter an Relevanz gewinnen, während manche Lebensbereiche in den Hintergrund treten. Im Rahmen des Lebenslagenansatzes als „Spielräume" bezeichnete Dimensionen können uns dabei helfen, diese Entscheidung zu treffen. Nach der gerontologischen Fassung dieses Ansatzes sind im Alter sieben Dimensionen herausragender als andere Dimensionen.

Was ist „Lebenslage"? Unter Lebenslage verstehen wir „den Spielraum, den der Einzelne für die Befriedigung der Gesamtheit seiner materiellen und immateriellen Interessen nachhaltig besitzt" (Dieck 1991, S. 24, zit. Naegele 1998, S. 107). Die Begriffe „materiell" und „immateriell" bedeutet in diesem Zusammenhang, dass die Lebenslagen sich in objektive und subjektive Dimensionen unterteilen lassen.

Nach Naegele (1998, S. 110) sind die wichtigsten Dimensionen der Lebenslage im Alter folgende:

- Der Vermögens- und Einkommensspielraum;
- Der materielle Versorgungsspielraum: Er bezieht sich auf den Umfang der Versorgung mit den übrigen Gütern und Diensten, insbesondere des Wohnbereichs, des Bildungs- und Gesundheitswesens inklusive Art und Ausmaß infrastruktureller Einrichtungen, Dienste und Angebote des übrigen Sozial- und Gesundheitswesens;
- Der Kontakt-, Kooperations- und Aktivitätsspielraum betrifft die Möglichkeiten der Kommunikation, der Interaktion, des Zusammenwirkens mit anderen sowie der außerberuflichen Betätigung;
- Der Lern- und Erfahrungsspielraum sind die Möglichkeiten der Entfaltung, Weiterentwicklung und der Interessen, die durch die Sozialisation, schulische und berufliche Bildung, Erfahrungen in der Arbeitswelt sowie durch das Ausmaß sozialer und räumlicher Mobilität und die jeweiligen Wohn- und Umweltbedingungen determiniert sind;
- Der Dispositions- und Partizipationsspielraum beschreibt das Ausmaß der Teilnahme, der Mitbestimmung und der Mitgestaltung in den verschiedenen Lebensbereichen;
- Der Muße- und Regenerationsspielraum sowie der Spielraum, der durch alternstypische psycho-physische Veränderungen, also vor allem im Gesundheitszustand und in der körperlichen Konstitution, bestimmt wird;
- Der Spielraum, der durch die Existenz von Unterstützungsressourcen bei alternstypischer Hilfe- und Pflegeanhängigkeit aus dem familialen und/oder nachbarschaftlichen Umfeld bestimmt ist.

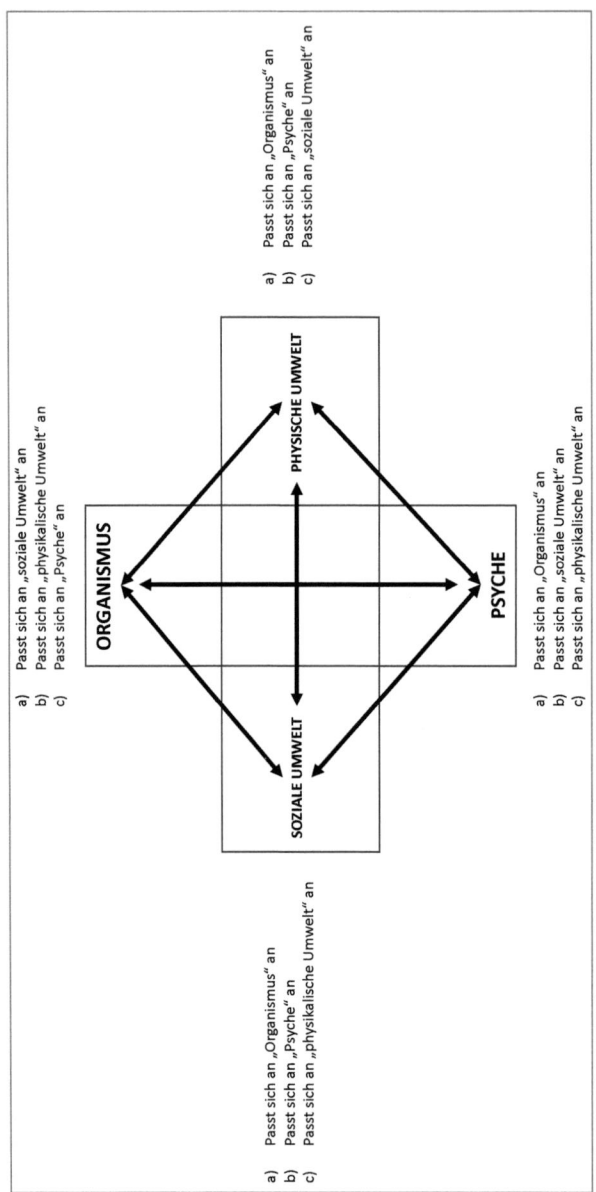

Abb. 2 „Erfolgreiches Altern" ist eine Verflechtung von Organismus, Psyche, sozialer Umwelt und physischer Umwelt von Personen.

Somit wird deutlich, dass die Kontinuitäten bzw. Diskontinuitäten in den genannten Bereichen keineswegs gleichwertig sein können. Implizit unterstellen wir in der Kontinuitätshypothese, dass die Diskontinuitäten dann als unangenehm erlebt werden, wenn sie die Person verunsichern, ihre Orientierung im sozialen Raum erschweren, ihre Identität gefährden, ihr Selbstbild in Frage stellen oder gar zerstören.

Zum Beispiel: Wenn ein Mensch schon immer in Armut gelebt hat und im Alter weiterhin in Armut lebt, dann stellt die soziale Lage bezüglich des Einkommens „arm" für diesen Menschen eine Kontinuität dar, die eventuell keine gravierende Veränderung im Leben dieses Menschen darstellt, wenn dies auch im negativen Sinne geschieht. Er hat sich wahrscheinlich damit arrangiert, als ein armer Mensch zu leben oder er hat sich – wie auch immer – daran gewöhnt und sich an diese Situation angepasst. Eine Diskontinuität kann nur dann eintreten, wenn seine finanzielle Lage sich verändert, z. B. durch einen Lottogewinn. Diese Diskontinuität stellt keine Gefahr dar, sondern wird hier als positive Diskontinuität betrachtet, während ein unerwarteter Tod eines geliebten Menschen eine gravierende negative Diskontinuität darstellt, die diesen Menschen verunsichert. Diskontinuitäten stellen dann eine Gefahr dar, wenn sie von außen aufgezwungen werden, selbst herbeigeführte Diskontinuitäten dagegen nicht. Das bedeutet, dass ein gewolltes sich Zurückziehen nicht eine Diskontinuität darstellt, die negativ erlebt wird. Wenn sich das Individuum von bestimmten sozialen Beziehungen selbstgewollt zurückzuzieht, dann könnte sich diese Diskontinuität sogar positiv auswirken.

Die allgemeine Lebenszufriedenheit kann ein Indikator des „erfolgreichen Alterns" sein. Von dieser Annahme ausgehend wurde zur Messung der allgemeinen Lebenszufriedenheit in Anlehnung an Wiendeck (1970) eine Lebenszufriedenheitsskala verwendet, die für unsere Zwecke angepasst wurde. Das heißt, wir haben die Fragen verwendet, die für unsere Zwecke geeignet erschienen, und einige Fragen wurden auch umformuliert.

Die wichtigsten Lebensbereiche der Hochaltrigkeit

Menschen sind nicht nur soziale, sondern auch psychische Wesen. Sie vereinigen in sich psychische Funktionen (vgl. Schönpflug & Schönpflug 1983). Sie besitzen von ihrer sozialen und physischen Umgebung und von der eigenen Person ein Bild (Weltbild, Selbstbild).

Diese Abbildungen entstehen im Bewusstsein und auch unbewusst in neuronalen Sektoren. Sinnesempfindungen sind räumlich und zeitlich gegliederte Wahrnehmungen der Personen. Unter Umständen können diese räumlich und

zeitlich gegliederten Wahrnehmungen von hochaltrigen Personen für diese Studie
fruchtbar gemacht werden. Dabei sollte nicht vergessen werden, dass Empfindungen und Wahrnehmungen zwar die Realität als Abbild wiedergeben wollen, aber
oft dieses Ziel verfehlen, d. h. wir müssen damit rechnen, dass – wie auch immer
– empfundene Wahrnehmungen nicht unbedingt der Realität entsprechend wiedergeben werden, sondern auch durch Wahrnehmungstäuschungen verfälscht
bzw. verzerrt werden können.

Vom Lebenslagenansatz ausgehend wird zwischen vier Lebensbereichen unterschieden: (1) Organismus, (2) Psyche, (3) physische Umwelt und (4) soziale Umwelt.
Diese Hauptlebensbereiche werden hier als Kontinuitätshauptbereiche bezeichnet.
Obwohl wir dadurch eine gewisse Ordnung geschaffen haben, heißt es noch lange
nicht, dass wir wissen, was zu diesen Kontinuitätshauptbereichen alles gehört.
Wir müssen hier eine Entscheidung treffen, welche Dimensionen wichtiger sind
als die anderen. Damit dies nicht willkürlich geschieht, nehmen wir Rückgriff auf
bisherige Forschungsergebnisse.

Die Vorstellungsfähigkeit des Menschen ist eine wichtige Fähigkeit, die über
seine Wahrnehmungen hinausgeht und bei gedanklicher Vorwegnahme der Zukunft
eine bedeutsame Rolle spielt. Da der Mensch die Fähigkeit hat, schlussfolgernd zu
denken, ist er in der Lage, Probleme zu lösen und/oder Schwierigkeiten zu überwinden. Durch diese Fähigkeit kann er seine inneren Bilder vervollständigen und
absichern und zukünftige Entwicklungen begründend vorwegnehmen.

Wir nehmen an, dass diese Fähigkeiten, solange das Individuum nicht unter
einer geistigen Behinderung leidet, auch bei den hochbetagten Menschen vorhanden
sind. Wir nehmen auch an, dass sie Probleme in unterschiedlichen Lebensbereichen
erkennen und für diese Lösungen suchen und entwickeln.

Die Plastizitätsforschung liefert Informationen, was ältere Menschen unter
bestimmten Bedingungen zu leisten vermögen. Ergebnisse der langjährigen Forschungen zeigen, dass es ein Fehlschluss ist anzunehmen, „der Prozess des Alterns
sei notwendigerweise mit einem generellen und irreversiblen Verlust an kognitiver
Effektivität und Lernfähigkeit verbunden" (Singer & Lindenberg 2000, S. 42) ist. Eher
ist es so, dass der gegenwärtige Zustand eines jeden Menschen verbessert werden
kann oder drohende Gefahren vermieden werden können. Auch die hochbetagten
Menschen können diese Fähigkeiten für sich nutzen. Ihre Bedürfnisse unterscheiden sich grundsätzlich nicht von anderen Menschen. Auch in der Hochaltrigkeit
müssen körperliche, geistige und soziale Bedürfnisse befriedigt werden. Auch in
der Hochaltrigkeit werden Bedürfnisse zu Motiven, und Motive setzen alle anderen
Funktionen in Gang. Gefühle sind bewertete Wahrnehmungs- und Vorstellungs-
bilder. Erwartungs- bzw. wunschgemäße Vorstellungen werden als „positiv" und

unerwünschte bzw. erwartungswidrige werden als „negativ" empfunden. Gefühle sind also ein Ausdruck dieser Bewertungen.

Aus der Sicht unserer Untersuchung sind diese Bewertungen wichtige Informationen darüber, was die hochbetagten Menschen täglich erleben, welche Probleme sie erkennen und welche Lösungen sie suchen. Diese bewertenden Gefühle begründen ihr Handeln in ihren persönlichen Lebenslagen. Das Handeln schließt die Fähigkeit des Problemlösens ein. In Standardsituationen ist das Handeln angeborene oder eingeübte Routine. Jedoch wird menschliches Handeln nach Wahrnehmungen, Vorstellungen, Denkabläufen, Handlungen, die im Gedächtnis gespeichert sind, vollzogen. Der Mensch ist in jedem Alter in der Lage, diese bei Bedarf abzurufen.

Wir versuchen, die Gedächtnisinhalte der Befragten abzurufen, ihre Wahrnehmungen, Vorstellungen, Erinnerungen zum Ausdruck zu bringen und mitteilbar zu machen. Diese Auskünfte können entweder der Wahrheit entsprechen oder wir verfehlen sie – oder sie können ehrlich gemeint oder auf Täuschung bedacht sein.

Wir versuchen mit unseren Fragen, in einer bestimmten Art und Weise diese Menschen aus einer bestimmten Perspektive zu analysieren. Mit Hilfe der empirisch festgestellten Kontinuitäten bzw. Diskontinuitäten in ausgewählten Lebensbereichen wollen wir eine Antwort auf die Frage geben, ob sie nach unseren Maßstäben erfolgreich altern oder nicht. Dabei gehen wir von der Annahme aus, dass die Gedächtnisinhalte, die wir mit unseren Fragen abrufen wollen, mit den Wahrnehmungen und Empfindungen des Alltags des hochbetagten Menschen zu tun haben. Deswegen erwarten wir, wie Politzer (1974, S. 32f.) es ausgedrückt, eine Darstellung der kleinen und großen „Dramen" des Alltags der hochbetagten Menschen.

Eigene Kontinuitätshypothese

Gründe für die Kontinuitätshypothese in der Türkei

Analysen deuten darauf hin, dass in der türkischen Gesellschaft soziale Alternsprozesse deutliche Kontinuitäten aufweisen. Obwohl die türkische Gesellschaft oft mit dem Begriff „dynamisch" bezeichnet wird, ist sie in der Veränderung der Alternsprozesse eher eine „statische" Gesellschaft geblieben, z. B. sind rund die Hälfte der Frauen der Altersgruppe zwischen 20–59 Jahren wie ihre Mütter und Großmütter wiederum Hausfrauen, was im Alterungsprozess der Frauen eine wesentliche Rolle spielt. Denn Hausfrauen sind z. B. vom Arbeitsmarkt ausgegliedert oder sie haben kein geregeltes Einkommen oder ihr Leben spielt sich im Großen und Ganzen in bestimmten Lebensbereichen ab, wobei die Frauen eher keine wich-

tige Rollen für die Gesellschaft übernehmen und dadurch auch aus den wichtigen
Entscheidungsprozessen ausgegliedert werden.

Tab. 2   Erwerbszahlen von Männern und Frauen in der Türkei im Jahr 2016.

	Insgesamt (in Million)	Männer (in Million)	Frauen (in Million)
15 Jahre und älter im Jahr 2016	58,7	29,0	29,7
Arbeitskräfte	30,8	20,9	9,9
Erwerbstätig	27,7	19,1	8,6

Quelle: TUIK (http://www.tuik.gov.tr/PreHaberBultenleri.do?id=21573; am 11.1.2017)

In der Türkei lebten im Jahr 2016 rund 59 Millionen Menschen, die 15 Jahre und
älter waren. Die Geschlechtsverteilung ist ausgeglichen. Dagegen zeigen die Er-
werbsquoten, dass Frauen deutlich weniger am Arbeitsleben teilnehmen. Von rund
31 Millionen Arbeitskräften sind 68 % Männer und 23 % Frauen, von denen 90 %
erwerbstätig waren. Während 72 % der Männer als Arbeitskräfte zur Verfügung
standen, waren es bei den Frauen lediglich rund 33 %. Im Jahr 2009 lebten in der
Türkei 75 Millionen Menschen, von denen 82 % lediglich die Grundschule (fünf
Jahre) besucht hatten. Von 9,6 Millionen Menschen, die nicht lesen und schreiben
können, sind 7,7 Millionen (80 %) Frauen (http://www. merhabaege.com/haber/
egitim/turkiye-nin-egitim-durumu!/1544.html, 11.1.2017).

Finanzielle Situationen ähneln sich über die Regionen hinweg und die Älteren
haben kaum eine Chance, daran etwas zu ändern. Mehr als 90 % aller Personen, die
über 60 Jahre alt sind, geben an, dass sie kein geregeltes Einkommen haben (Tufan
2007). Das Bildungsniveau hat sich zwar im Allgemeinen (TÜIK 2000 bis 2015)
erhöht, aber oben genannte Zahlen zeigen, dass das Bildungsniveau sehr niedrig ist.

Chronische Erkrankungen treten oft bereits vor dem 65. Lebensalter auf. Deswegen altern viele Menschen in der Türkei mit ihren chronischen Krankheiten.
(Tufan 2007).

Die Arbeitslosigkeit in der Türkei stellt ein großes Problem dar. Mehr als 25 %
der Altersgruppe der 20–59-Jährigen ist arbeitslos (Tufan 2007, eigene Analysen).
Die staatlichen Institutionen definieren sogar Personen, die im „Familienbetrieb
ohne Lohn" arbeiten, als „Arbeitende", und dadurch kommen diese Personen
in Statistiken nicht als Arbeitslose vor. Deshalb sind die offiziellen Angaben zur
Arbeitslosenzahl deutlich niedriger. Die Arbeitslosenquote in den letzten Jahren
hat sich nicht verringert. Offizielle Arbeitslosenquoten pendeln seit 2006 zwischen
9 % und 14 %. Die Arbeitslosenquote lag 2006 bei 8,7 %, 2009 bei 14 % und 2015

bei 10,1 % (Avrupa İstatistik Ofisi, Bureau of Labor Statistics, https://www.google.de/webhp?sourceid=chrome-instant&ion=1&espv=2&ie= UTF-8#q=t%C3%BCr-kiye%27de+i%C5%9Fsizlik+oran%C4%B1, 11.1.2017).

Determinanten des „erfolgreichen Alterns"

Der Alterungsprozess bringt im Leben eines jeden Menschen irgendwann bestimmte Merkmale hervor, die allgemein bekannt sind, oft von außen wahrgenommen werden und objektiv fassbar sind. Zum Beispiel lässt sich die Abnahme der Leistungsfähigkeit der einzelnen Organe oder Nervenzellen vergleichsweise früh feststellen, etwa ab Mitte des vierten Lebensjahrzehnts (Kruse & Wahl 2010, S. 3). Unten ist eine Übersicht über typische Veränderungen im Alternsprozess gegeben. Ob und wann diese eintreten, lässt sich nicht voraussagen. Als gesichert gilt, dass die Menschen dann länger und gesünder leben, wenn sie körperlich aktiv bleiben. „Sport, als eine spezifische Form körperlicher Bewegung, ist mit gesundheitsförderlichen Potenzialen verbunden, die sich nicht nur über physiologische Prozesse, sondern ebenso im Zusammenhang mit der Stressregulation, der Ausformung personaler und sozialer Kompetenzen sowie der Entwicklung einer insgesamt gesünderen Lebensweise entfalten können" (Müters & Gößwald 2011, S. 16). Das Altern hat also eine körperliche Dimension, die nicht ignoriert werden kann. So gilt: „das Risiko des vorzeitigen Versterbens sinkt überzufällig und in einer bedeutsamen Größenordnung mit wachsender Aktivität" (Schlicht 2010, S. 31).

Tab. 3   Veränderungen im Alternsprozess des Menschen

Alternsdimension	Veränderungen
biologisch-medizinische Dimension	Verschlechterung des allgemeinen Gesundheitszustands, Multimorbidität im Sinne chronischer Krankheiten, Veränderungen der Fähigkeiten der Sinnesorgane wie sehen, hören, schmecken oder tasten, Veränderungen des Knochenapparates, eingeschränkte Mobilität, schnelle Ermüdung, Schlafstörungen etc.
psychologische Dimension	Verlangsamung der Reaktionen, Konzentrationsschwäche, Verminderung der Lern- und Umstellungsfähigkeiten, Persönlichkeitsveränderungen, Depressivität etc.
soziale Dimension	Pensionierung, Frühverrentung, Einkommenseinschränkung, Verwitwung, Reduzierung der Aktivitäten, Reduzierung der sozialen Beziehungen etc.

Die Veränderungen finden nicht ausschließlich in der Altersphase statt. Allerdings treten zum Ende des Lebens biologische und psychologische Veränderungen deutlicher hervor. „Dabei ist Altern auf keinen Fall eine Krankheit an sich, wohl aber lässt mit zunehmendem Alter die Widerstandskraft nach, sodass Krankheiten eher eintreten, dann auch länger dauern und häufiger gleichzeitig mehrere Krankheiten auftreten." (Witterstätter 2003, S. 25).

Ein Unterschied zwischen biologischen, psychologischen und sozialen Veränderungen liegt darin, dass biologische und psychologische Veränderungen allmählich und kontinuierlich stattfinden, während soziale Veränderungen oft plötzlich auftreten, wie z. B. Verlust des Ehegatten, Eintritt in den Ruhestand, Auszug der erwachsenen Kinder aus der Wohnung, die sich zum Teil gegenseitig bedingen oder auslösen. Der Eintritt in den Ruhestand löst z. B. eine Reduzierung des Einkommens aus, Kontakte mit den ehemaligen Arbeitskollegen gehen verloren, und eine Statusveränderung stellt sich ein etc. Das Alter als Phase des Ruhesstands folgt dem mittleren Lebensalter der Aktivität und wird mit besonderen Problemen charakterisiert, die mit Ausgliederung und Rückzug von der Gesellschaft verbunden ist (Backes & Clemens 2010, S. 177).

Obwohl sie wichtig sind, sollen biologische und psychologische Veränderungen. Wie sie z. B. bei Birren (1974) und Lehr (2003) ausführlich dargelegt werden, hier außer Acht gelassen werden. Den Gesundheitszustand als Ausnahme wollen wir in Betracht ziehen, weil er Auswirkungen auf die anderen Lebensbereiche hat.

Über die Kontinuitätshypothese dieser Untersuchung

In gerontologischen Untersuchungen werden oft die Kontinuitäten / Diskontinuitäten zwischen den mittleren und dem etwa 60. bzw. 65. Lebensjahr untersucht. Damit möchte man die Auswirkungen des Übergangs in die Lebensphase Alter feststellen. Dagegen wurde in unserer Untersuchung der erste Zeitpunkt der Betrachtung auf den Zeitraum zwischen dem 60. und 70. Lebensalter gelegt. Für unsere Untersuchung ist es nicht zielführend, den ersten Betrachtungszeitraum in die mittleren Lebensjahre zu legen. Ansonsten könnten wir nur Diskontinuitäten feststellen.

Wir nehmen deshalb an, dass die hochbetagten Menschen innerhalb der Teilphasen des Alters weitere Anpassungsstadien durchlaufen und im Übergang vom dritten zum vierten Lebensalter hin verschiedene Anpassungsleistungen erbracht haben. Wir stellen in Bezug auf die Kontinuität bzw. Diskontinuität zwischen diesen beiden Altersphasen Vergleiche an und wollen daraus feststellen, ob eine Kontinuität oder Diskontinuität in den betrachteten Lebensbereichen vorliegt. (zu Lebensphasen im Alter vgl. Laslett 1995).

Die hochbetagten Personen vergleichen sich selbst in zwei Altersphasen: die gegenwärtige Situation und die Situation im Lebensalter zwischen 60. und 70. Lebensjahr.

Der Begriff Kontinuität bezieht sich dabei auf einen Vergleich der sozialen Gegebenheiten zwischen zwei Zeitpunkten (T1, T2). Den Zeitpunkt T1 setzen wir auf das Lebensalter etwa zwischen 60 und 70 an. Der zweite Zeitpunkt (T2) liegt in der Gegenwart der Person. Dabei gehen wir vom Begriff der Kohorte aus. Eine Kohorte ist eine Bevölkerungsgruppe, die durch ein zeitliches gemeinsames, längerfristig prägendes Startereignis definiert wird. „In der Praxis werden meist, mangels besserer Daten, Lebenszykluseffekte häufig nur anhand von Querschnittsdaten geschätzt. Das ist im Prinzip möglich, wenn man annimmt, dass keine Kohorteneffekte vorliegen" (Diekmann 2009, S. 321). Da bei unserer Befragung alle Versuchspersonen mindestens 80 Jahre alt sind, gehören sie einer Kohorte an. Somit wird angenommen, dass keine Kohorteneffekte, sondern nur Lebenszykluseffekte vorliegen. Unter Lebenszykluseffekten verstehen wir die systematischen Zusammenhänge zwischen den interessierenden Merkmalen und der seit dem Startereignis verstrichenen Zeit (Diekmann 2009, S. 318 ff.).

Man kann uns den Vorwurf machen, dass wir den Zeitabstand groß gehalten haben, und die Personen sich kaum noch an diese Vergangenheit erinnern können. Aber dagegen könnte man einwenden, dass es von den Fragen abhängt, woran sich Personen erinnern sollen. Menschen sind zwar vergesslich, jedoch vergessen sie nicht alles. Mit allgemeinen Fragen könnte man das Problem der Vergesslichkeit oft überwinden. Nach Klix (1999) ist das menschliche Gedächtnis ein aktives Organ der Informationssuche, der Bildung von Erwartungen, der Verarbeitung und Nutzung von Information für Verhaltensentscheidungen. Das Langzeitgedächtnis „umfasst, kurz gesagt, das individuelle Wissen über die Welt und ihre Zusammenhänge" (S. 213–214). Diesem individuellen Wissen der Personen über die „eigene" Welt, die als Erinnerungen im Gedächtnis gespeichert ist, wollen wir mit unseren Möglichkeiten näherkommen.

Im Zusammenhang mit der sozialen Situation hochbetagter Menschen stellt sich auch die Frage, ob eine relativ große Ähnlichkeit zwischen Vergleichszeitpunkten zu einer relativ großen Lebenszufriedenheit führt oder nicht. Um diese Frage beantworten zu können, wurde die soziale Situation der Befragten in obengenannte vier Hauptbereiche unterteilt, um dann in diesen Bereichen die Kontinuitäten bzw. Diskontinuitäten überprüfen zu können.

Diese Untersuchung hat das Ziel, die Auswirkungen der Kontinuität bzw. Diskontinuität in den genannten Kontinuitätshauptbereichen auf die Anpassung zu überprüfen. Unter dem Begriff erfolgreicher Anpassung („erfolgreiches Altern") verstehen wir die allgemeine Lebenszufriedenheit. Die Kontinuität und Diskontinuität können positiv oder negativ bewertet werden (Abbildung 4).

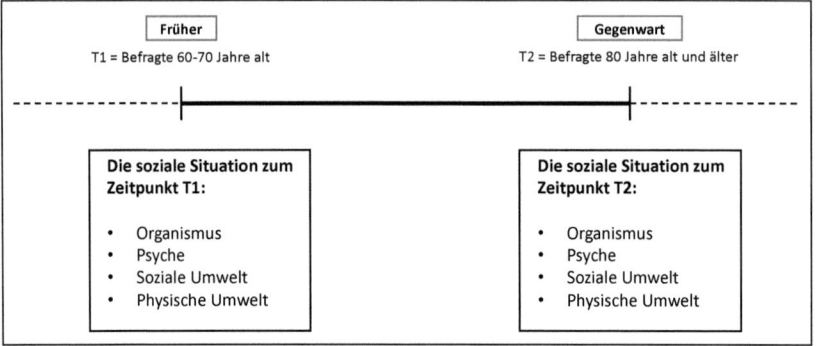

Abb. 3   Darstellung des sozialen Alterungsprozesses zwischen Beginn des Alters und der Hochaltrigkeit

„Erfolgreiches Altern"

Unter dem Begriff „erfolgreiches Altern" soll hier nicht nur die Zufriedenheit mit dem heutigen Leben verstanden werden, sondern diese Lebenszufriedenheit soll in ausgewählten Lebenslagendimensionen mit Kontinuität verbunden sein. Die ausgewählten Lebensbereiche sind die Gesundheit, die Familie, das Wohnen, die Sozialbeziehungen, die Aktivitäten sowie das Einkommen. Sie werden hier als unabhängige Variablen betrachtet. Das ist nicht selbstverständlich, sondern eine bewusste Entscheidung. Dies zu erwähnen ist wichtig, weil diese Lebensbereiche auch als abhängige Variablen betrachtet werden könnten.

Die allgemeine Lebenszufriedenheit definieren wir als einen Indikator für „erfolgreiches Altern". Dabei nehmen wir an, dass die Lebenszufriedenheit eine von vielen Faktoren abhängige Variable ist. Sie wird mit Begriffen wie „Abwesenheit von Einsamkeit", „positives Selbstbild", „Abwesenheit der Langeweile", „Zufriedenheit mit der eigenen Familie" und „Abwesenheit von Angst" operationalisiert, und daraus wird ein Index konstruiert.

Die Vorgehensweise ist in der Abbildung 5 dargestellt. Die soziale Situation von Befragten, als sie noch 60–70 Jahre alt waren (S1, T1), wird mit der heutigen sozialen Situation (S2, T2) verglichen. Wenn keine Änderung stattgefunden hat

(S1S2), dann liegt eine Kontinuität vor. Dagegen bedeutet eine Veränderung, dass eine Diskontinuität vorliegt (S1S2).

Tab. 4 Die unabhängigen Variablen und die Indikatoren des „erfolgreichen Alterns"

Unabhängige Variablen	Abhängige Variable: „Erfolgreiches Altern"
• Gesundheit • Familie • Wohnen • Sozialbeziehungen • Aktivitäten • Einkommen	*Definition: Die Zufriedenheit des hochbetagten Menschen mit seinem heutigen Leben.* Indikatoren des „erfolgreichen Alterns" • Allgemeine Lebenszufriedenheit • Abwesenheit von Einsamkeit • Positives Selbstbild • Abwesenheit von Langeweile • Zufriedenheit mit Familie • Abwesenheit von Angst

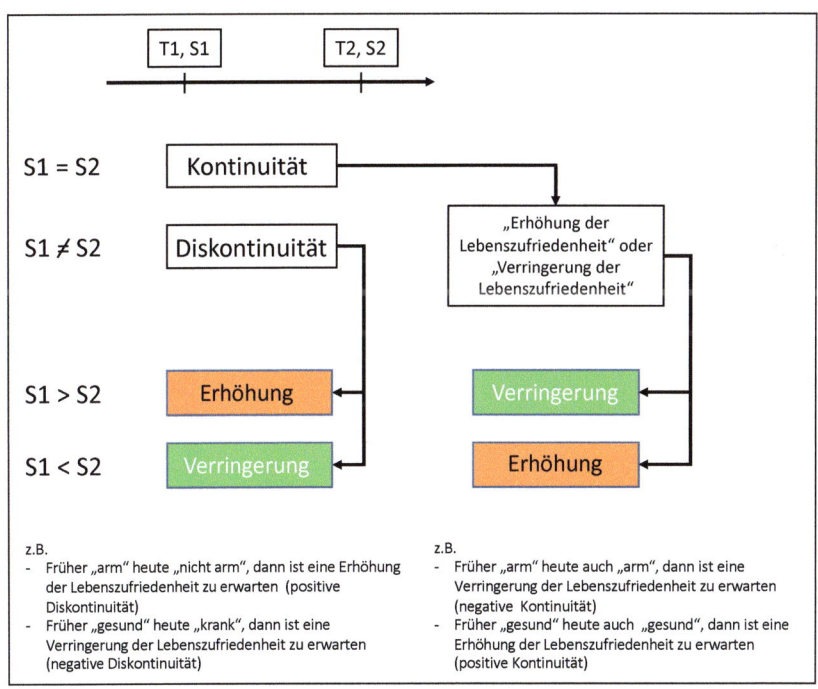

Abb. 4 Die Bewertung der Kontinuität und Diskontinuität.

Kontinuität und Diskontinuität können positiv oder negativ bewertet werden. Diese Bewertung entscheidet, ob ein „erfolgreiches Altern" vorliegt oder nicht. Die Kontinuität bedeutet demnach nicht unbedingt, dass ein „erfolgreiches Altern", und die Diskontinuität bedeutet nicht zwingend, dass kein „erfolgreiches Altern" vorliegt. In beiden Fällen müssen wir interpretieren, ob die Kontinuität oder Diskontinuität die Zufriedenheit des Hochbetagten erhöht oder verringert hat. Die Kontinuitätshypothese geht also nicht von der Annahme aus, dass die Kontinuität immer zum „erfolgreichen Altern" führt.

Indikatoren des „erfolgreichen Alterns"

Organismus

Zufriedenheit mit Gesundheit

Die objektive Gesundheit stellt hier eine unabhängige Variable dar, die das Altern der Person determiniert. Aber uns interessiert nicht die objektive Gesundheit der Person, weil mit hoher Wahrscheinlichkeit zu erwarten ist, dass sie sich bei den hochbetagten Menschen allgemein negativ darstellen wird. Zum Beispiel liegt bei Personen unter 60 Jahren die Hilfebedürftigkeit bei etwa 1 %, dagegen sind über 32 % der Personen über 80 Jahren hilfebedürftig. Ein ähnliches Bild zeichnet sich auch bei der Pflegebedürftigkeit ab (Tabelle 6). Die Hilfe- und Pflegebedürftigkeit korreliert stark mit dem Lebensalter (Witterstätter 2003, S. 29).

Tab. 5   Hilfe- und Pflegebedarf im höheren Alter

	Hilfebedürftige	Pflegebedürftige
Unter 60 Jahren	1,1 %	0,5 %
60 bis 80 Jahre	8,7 %	3,6 %
Über 80 Jahre	32,5 %	29,8 %

Quelle: Witterstätter 2003, S .29

Jeder Mensch ist in der Lage, die eigene Gesundheit selbst einzuschätzen. Interessant ist dabei, dass die selbst eingeschätzte Gesundheit (subjektive Gesundheit) ein aussagekräftiger Indikator für die objektive Gesundheit ist (Mütters & Gößwald 2011, S. 17). Das heißt, dass ein Mensch in der Lage ist, seine eigene objektive Gesundheit ziemlich gut einschätzen zu können. Mit anderen Worten: Die subjektive Gesundheit korreliert mit der objektiven Gesundheit. Eine Person, deren objektiver Gesundheitszustand starke Einbußen erlitten hat, wird sich kaum „subjektiv" gesund fühlen. Deswegen gilt die subjektive Gesundheit als ein aussagekräftiger Indikator für die objektive Gesundheit.

Die Alternsforschung konnte Nachweise erbringen, dass das Alter nicht immer Abbau und Verlust der Fähigkeiten und Fertigkeiten bedeutet. Nach Mütters und Gößwald (2011, S. 17) zeigen z. B. über 65-jährige Frauen bezüglich subjektiver Gesundheit eine Tendenz zur Verbesserung. Auch deswegen erreichen immer mehr Menschen – auch in der Türkei – ein höheres Lebensalter. Gleichzeitig steigt die Häufigkeit der gesundheitlichen, pflegerischen Probleme in der Gruppe der über 80-Jährigen in der türkischen Gesellschaft (Tufan 2007).

Der Gesundheitszustand kann die psychische und soziale Situation der hochbetagten Menschen beeinflussen. Ein schlechter Gesundheitszustand kann z. B. die sozialen Beziehungen und Aktivitätsmöglichkeiten einschränken. Für die Hochbetagten bedeutet eine Verschlechterung des Gesundheitszustands oft eine irreversible Entwicklung, die die Hilfe- und Pflegebedürftigkeit einleiten kann. Das kann eine Bedrohung für die Identität der Person sein und das Selbstbild zerstören. Damit stellt die Verschlechterung des Gesundheitszustands nicht nur eine Gefahr des körperlichen Verfalls dar, sondern sie kann auch eine Quelle der psychischen und sozialen Probleme sein (Witterstätter 2003, S. 13-24).

Einschätzung der Interviewer/innen

Die gesundheitliche Situation von Menschen kann oft auch von anderen Menschen wahrgenommen und beurteilt werden. Deswegen wird in dieser Untersuchung die Einschätzung der Interviewer über den wahrgenommenen Gesundheitszustand mit aufgenommen und mit der Selbsteinschätzung der Befragten verglichen.

Selbständigkeit im Alltag

Eine der wichtigsten Quellen für die Lebenszufriedenheit bzw. des „erfolgreichen Alterns" stellt die Selbständigkeit dar. Aber der gerontologischen Forschung wird vorgeworfen, dass sie sich nicht näher mit dem Operationalisieren der Selbständigkeit befasst. Von den Begriffen wie z. B. „gewonnenes Leben" (Abelin 1992), „erfolgreiches Altern" (Baltes & Baltes 1989), „Alltagskompetenz" (Wahl 1998) oder „Umweltanpassung" im Sinne der selbständigen Lebensführung (Schmitt et al. 1994) können keine allgemein verbindlichen Definitionen der Selbständigkeit im Alter abgeleitet werden. Daraus entsteht eine definitorische Lücke (Salthouse 1997; zit. Ackermann 2006, S. 326). Auch diese Untersuchung wird diese Lücke nicht schließen können. Wir interessieren uns dafür, wie sich der Gesundheitszustand in dem betrachteten Zeitraum entwickelt hat und auf die Selbständigkeit der hochbetagten Menschen auswirkt.

Tab. 6   Operationalisieren der Organismus-Kontinuität

Determinanten	Definitionen
Der Organismus determiniert das „erfolgreiche Altern".	„Erfolgreiches Altern" bedeutet, wenn man seinen Organismus heute nicht mehr als früher als Last erlebt. (Kontinuität des Organismus)
	Indikatoren
	• Selbsteinschätzung gegenwärtige Gesundheit
	• Einschätzung der Interviewer
	• Selbständigkeit im Alltag (operationalisiert: Barthel-Index)

Somit wird die Variable „Gesundheit" unter dem Begriff „Organismus" als „erfolgreiches Altern" determinierender Faktor und nicht als sozialer Faktor betrachtet. „Erfolgreiches Altern" bedeutet in diesem Sinne, dass die Befragten ihren Organismus heute nicht mehr als früher als eine relativ große Last erleben.

Als Indikator wird einerseits die subjektive Gesundheit, andererseits ihre Fremdbewertung betrachtet. Zusätzlich zur Eigen- und Fremdeinschätzung des Gesundheitszustands wird die Selbständigkeit im Alltag in die Bewertung einbezogen. Diese Bewertung als abhängige Variable des „erfolgreichen Alterns" wird mit dem „Barthel-Index" operationalisiert (Heuschmann et al. 2005).

Jeder hat bestimmte Vorstellungen über sich selbst, die in mancher Hinsicht mit Vorstellungen anderer Personen mehr oder weniger übereinstimmen oder davon stark abweichen können. Das Selbstbild der Person ist eine Variable mit zwei Dimensionen, die als Selbst- und Fremdbild bezeichnet werden. Da das Selbstbild in unserer Untersuchung eine wichtige Rolle spielt, wollen wir kurz darauf eingehen.

Psyche

Selbstbild

Zum *Selbstbild* gehört auch die Frage, wie sich alte Menschen selbst definieren (Wahl & Heyl 2004, S. 149). Dahinter stehen Vorstellungen und Wertungen des Alters, die oft kollektive Deutungsmuster des Alters sind. Diese Vorstellungen vermitteln in vereinfachter Form Informationen, Meinungen und Vorstellungen über alte Menschen (Backes & Clemens 2010, S. 59).

Das Selbst- und Fremdbild des Alters ist ein Ergebnis der Außenbetrachtung bzw. der Wahrnehmung. Es hängt von äußeren Einflüssen ab und entsteht im täglichen Zusammenleben (Jasper 2002). Das Bild, das ein Mensch von sich selbst hat, ist oft entscheidend dafür, was er sich zutraut und wie er sich verhält. Dabei muss man auf den Unterschied achten zwischen dem, was ein hochbetagter Mensch tun möchte und tun kann und dem, was andere Menschen von ihm erwarten. Das Image des alten Menschen beeinflusst oft auch die Erwartungen der Älterwerdenden und bestimmt das eigene Erleben im Alter. Deswegen ist das Alter eine Innenbetrachtung und zugleich ein soziales Schicksal, nicht nur bloß funktionelle und organische Veränderung (Amrhein & Backes 2007).

Einsamkeitsgefühl

Als weiterer psychischer Indikator des „erfolgreichen Alterns" betrachten wir das Konstrukt der „Einsamkeit". Nach Lehr (1999) ist „die verbreitete These altersbedingten Einsamkeit und Isolation zurückzuweisen. Personen, die im hohen Alter über Einsamkeit klagen, waren auch schon in jüngeren Jahren einsam" (S. 235). Damit wird auch die Kontinuität des Einsamkeitsgefühls angesprochen.

Die sozialen Beziehungen werden zwar weniger, je älter man wird. Jedoch zeigen die empirischen Befunde auch, dass im Alterungsprozess „nur solche Beziehungen wegfallen bzw. beendet werden, die als weniger wichtig oder unbedeutend erlebt werden (…) Einsamkeit stellt daher auch kein besonderes Phänomen des höheren Erwachsenenalters dar, sondern charakterisiert vielmehr besondere Lebenssituationen bestimmter Menschen in unterschiedlichen Abschnitten des Lebenslaufs" (Lang 2004, S. 364) und „dass sich Menschen mit steigendem Lebensalter der Begrenztheit der ihnen noch verbleibenden Lebenszeit bewusst werden (…). Das hat auch Auswirkungen darauf, wie Menschen ihre Kontakt- und Netzwerkpartner auswählen" (Lang 2004, S. 366).

Nach Tews (1971, S. 292) hat die Einsamkeit älterer Menschen im Gegensatz zu den Jungen, die „noch eine Chance haben, mit der Einsamkeit zu kokettieren", mehr von der amerikanischen „loneliness", eine melancholische Einsamkeit, die man in jungen Jahren manchmal zur Schau stellt und sich in der Pose des tragischen Helden sieht. „Wenn sich also ein älterer Mensch einsam fühlt, hat dies meist andere Gründe, als wenn ein junger Erwachsener einsam ist" (Lang 2004, S. 364).

Die Einsamkeit älterer Menschen kann ein Indikator für ein problematisches Verhältnis zu ihrer Lebenssituation sein. Neben psychischen und körperlichen Erkrankungen werden Verluste der sozialen Kontakte und Vereinsamung als häufigste Suizidgründe im Alter erwähnt (Erlemeier 2000, S. 381). Deswegen sollten alte

Menschen, die sich „einsam" fühlen, nicht als „die, die immer einsam gewesen sind" pauschalisiert werden, sondern es sollte ihre Aussage über persönliche Einsamkeit ernst genommen werden.

Gefühl der Langeweile

Genauso wenig wie die Einsamkeit, ist auch die Langeweile kein Phänomen des Alters. Schon im Kindesalter lernen Menschen, was Langeweile bedeutet. Jedoch stehen oft für alte Menschen nicht die Ausweichmöglichkeiten zur Verfügung, die in anderen Lebensaltern noch gegeben sind.

Die Menschen sind geneigt anzunehmen, dass diejenigen, die allein leben, an Langeweile leiden. Der Mensch kann aber auch die Langeweile in der Menschenmasse erleben. Nicht jeder, der allein ist, ist einsam und nicht jeder, der mit Menschen zusammen ist, fühlt dabei keine Langeweile. Tokarski und Schmitz-Scherzer (1999) berichten über eine Repräsentativerhebung, die inzwischen weit zurückliegt, aber im Allgemeinen heute noch als gültig betrachtet werden kann. In dieser Untersuchung aus dem Jahr 1981 wurden im Zusammenhang mit Freizeterleben über Langeweile und Zufriedenheit Daten erhoben. 34 % der Bevölkerung kannte die Gefühle der Langeweile. „Darüber hinaus korreliert Zufriedenheit in einem Lebensbereich immer auch sehr hoch mit der in anderen Lebensbereichen sowie der allgemeinen Lebenszufriedenheit" (S. 203).

Angstgefühl

Die Angst ist eine Basisemotion, die unseren Vorfahren das Überleben ermöglichte. Dabei handelt es sich nicht um ein permanentes, manifestes Angstgefühl, sondern um eine Angstreaktion, die in Gefahrensituationen plötzlich als Reflex entsteht und die Flucht ermöglicht. Das ist die sogenannte neuronale Angst (Evans 2013, S. 49–51). Neben der Biologie haben sich auch Philosophie, Theologie, Psychologie und Soziologie mit dem Phänomen Angst beschäftigt. Daraus entstand eine Anzahl theoretischer Modelle (Floßdorf 1999, S. 34–37).

Auf der emotionalen Ebene stehen innere Erlebnisse, die mit der Lebenssituation des Menschen zusammenhängen. Der Mensch hat die Fähigkeit, unendlich viele Gefühle innerhalb einer bestimmten Situation zu entwickeln, die ihn positiv wie negativ berühren können. In diesem Zusammenhang kann man sich leicht vorstellen, dass eine Person, die, aus welchem Grund auch immer, das Gefühl der Angst erlebt, auch fühlt, dass ihr Selbstwert bedroht ist. Das hat auch Konsequenzen auf Wahrnehmung, Denken und Handeln dieser Person, insbesondere dann, wenn das Angstgefühl sich auf Furcht hin umwandelt (Floßdorf 1999, S. 35). Emotionales

Erleben hat also viele Facetten, z. B. können in einer spezifischen Situation Wut, Freude und Angst erlebt werden.

Die psychoanalytischen Betrachtungen führen die Angst auf die Geburt zurück, d. h. auf die Trennungsangst, die früheste Erfahrung von Angst und Hilfslosigkeit. Die Angst hat eine unverkennbare Beziehung zur Erwartung: „sie ist Angst vor etwas" (Kreft & Mielenz 1996, S. 52). Hier geht es um genau dieses Angstgefühl, diese erwartende Haltung, dass zu jeder Zeit „irgendetwas" Schlimmes passieren könnte. Dabei meinen wir nicht eine krankhafte Angst, sondern eine aus der Lebenssituation entstehende Angst, die mit dem Begriff „Sorge" zum Ausdruck gebracht wird.

Tab. 7 Operationalisieren der Psyche als Kontinuität

Determinanten	Definitionen
Die Psyche determiniert das „erfolgreiche Altern"	„Erfolgreiches Altern" bedeutet, wenn man positives Selbstbild hat, sich nicht einsam fühlt, keine Angst hat und keine Langeweile erlebt.
	Indikatoren
	• Das Selbstbild
	• Das Einsamkeitsgefühl
	• Das Gefühl der Langeweile
	• Das Angstgefühl

Ausgehend von den obigen Darstellungen fassen wir unter dem Begriff „Psyche" alle Lebenssituationen zusammen, die Auswirkungen auf den Prozess des Alterns haben. Als Indikatoren dieses Konstrukts werden das Selbstbild, das Einsamkeitsgefühl, das Gefühl der Langeweile und das Angstgefühl betrachtet. Somit definieren wir auf der psychischen Ebene das „erfolgreiche Altern" als Präsenz eines positiven Selbstbilds, die Abwesenheit des Einsamkeitsgefühls, die Abwesenheit des Gefühls der Langeweile und die Abwesenheit des Angstgefühls.

Soziale Umwelt

Zufriedenheit mit Einkommen

Das Einkommen wird als ein Teil der sozialen Umwelt betrachtet. Es wird in gerontologischen Untersuchungen als eine der wichtigsten Variablen bewertet, denn das Einkommen stellt ein Indiz für Bildungsniveau, Lebensqualität und Ressourcen dar.

Das Einkommen entscheidet oft, wo und wie man wohnt, welche Wohnausstattung man besitzt, und ob man sich ab und zu einen Urlaub gönnt oder nicht.

In der Türkei können sogar viele der medizinischen Dienste nur dann genutzt werden, wenn man genügend Einkommen hat. Die Einkommensverhältnisse der Menschen in der Türkei sind undurchsichtig, weil oft kaum bekannt ist, woher sie ihr Einkommen beziehen, wie hoch dieses ist und ob sie es regelmäßig beziehen, wenn sie nicht in einer staatlichen Einrichtung oder geregelten Privatwirtschaft arbeiten. „Die materielle Situation (…) als zentrale Dimension der Lebenslage (hat) grundlegende Bedingung für die Lebensgestaltung im Alter. Die Einkommens- und Vermögenssituation gestalten sich durch sehr unterschiedliche Quellen, wodurch eine die Realität insgesamt erfassende, übersichtliche Darstellung erschwert wird" (Backes & Clemens 2013, S. 203).

Dabei darf man darf nicht vergessen, dass die hochbetagten Menschen in ihrer Jugend unter anderen Rahmenbedingungen arbeiteten, die mit den heutigen Arbeitsbedingungen kaum vergleichbar sind. (vgl. Backes & Clemens 2013). Zusätzlich sollte noch erwähnt werden, dass die meisten der hochbetagten Frauen in der Türkei in ihrem Leben nie wirtschaftlich unabhängig waren. Sie leben schon immer in finanzieller Abhängigkeit. Die Armut stellt in der Population der Hochbetagten in der Türkei eine Kontinuität dar, die mit dem Bildungsniveau der Personen hoch korreliert (Tufan 2007, S. 102).

Neben der Isolation ist die Armut im Alter vor allem für Frauen aus unteren Sozialschichten ein typisches Merkmal (BMFSFJ 2001; Tufan 2007). „In Hinsicht auf Sozialhilfebezug im Alter wurde (in Deutschland) bis in die 1990er Jahre allgemein eine hohe Dunkelziffer – als ‚verschämte' Altersarmut – angenommen. Schätzungen gingen gegen Ende der 1990er Jahre von einer gegenüber der offiziellen doppelt so hohen Zahl aus" (Backes & Clemens 2013, S. 212). In der Türkei wird von Altersarmut überhaupt nicht gesprochen, wahrscheinlich deswegen, weil man sich sonst ständig schämen müsste. Denn mehr als 90 % der über 60-Jährigen in der Türkei haben kein geregeltes Einkommen (Tufan 2007). Viele der hochbetagten Männer haben oft in ihrer Jugend und ihrem mittleren Alter längere Arbeitslosigkeit erlebt und meistens als ungelernte Arbeiter gegen niedrigen Lohn und ohne Sozialversicherung gearbeitet. Diese alten Männer haben auch kein Einkommen. Auf diese Weise erscheint das „Ohne-Einkommen-Sein" in der türkischen Gesellschaft als eine Kontinuität, die im Alter in eine völlige Abhängigkeit hinsichtlich der finanziellen Lage münden kann bzw. mündet. Somit stellt das Einkommen einen der wichtigsten Indikatoren für die Lebenssituation im hohen Lebensalter dar.

Hinsichtlich der Kontinuität bzw. Diskontinuität ist Einkommen ein entscheidender Faktor. „Die Einkommenssituation im Alter (ist) maßgeblich auch durch Entwicklungen in den davorliegenden Lebensphasen, insbesondere in den Phasen der Jugend und Ausbildung und Erwerbsphase selbst, bestimmt" (Naegele 2000, S. 394). Ein geringes Einkommen kann sich auf die sozialen Kontakte und Aktivitäten im Alter negativ auswirken. Die sozialen Kontakte können verringert und bestimmte Aktivitäten nicht getätigt werden. Das Geld macht zwar nicht glücklich, aber es kann Möglichkeiten schaffen, durch die die Wahrscheinlichkeit für ein „erfolgreiches Altern" erhöht werden kann.

Das Einkommen kann das Leben einer Person nachhaltig beeinflussen. Niedriges Einkommen kann z. B. die Möglichkeiten des Wohnens beeinträchtigen. In diesem Zusammenhang können die Wohnverhältnisse der Deutschen und der Migranten in Deutschland verglichen werden. Die Wohnsituation älterer Migranten ist insgesamt ungünstiger als die der älteren deutschen Bevölkerung (Backes & Clemens 2013, S. 254). Das hängt sicherlich auch mit Einkommensunterschieden zwischen Deutschen und Migranten zusammen.

Allerdings zeigen die Befunde der Armutsforschung, „dass das Armutsrisiko bei älteren Menschen vergleichsweise niedrig ist und sich in den zurückliegenden Jahren deutlich verringert hat. (…) Allerdings erfasst die Statistik den Personenkreis der armen alten Menschen nur ungenau, da speziell bei sehr alten Menschen noch immer eine hohe Unterausschöpfung ihrer Leistungseinbrüche besteht" (Bäcker et al. 2008, Band 2, S. 469).

Wir haben Daten über das Haushaltseinkommen der Befragten erhoben. Aus oben genannten Gründen wurden keine Daten über das persönliche Einkommen berücksichtigt, da wir von der Annahme ausgingen, dass die meisten der Hochbetagten, insbesondere die Frauen, kein eigenes Einkommen haben werden. Die Kontinuität bzw. Diskontinuität des Einkommens ergibt sich daraus, dass sich im betrachteten Zeitraum das Haushaltseinkommen verringert oder erhöht hat.

Zufriedenheit mit Familie

Wenn die drei Faktoren Familienstand, Wohlbefinden und Gesundheit positiv koinzidieren, bringen sie oft Vorteile für die Hochbetagten mit sich. Zum Beispiel haben Verheiratete oft im Vergleich zu Verwitweten ein höheres subjektives Wohlbefinden und fühlen sich weniger einsam (Tucker, Friedman, Wingard & Schwartz 1996: zit. Schmitt & Re 2004, S. 375).

Familiale Beziehungen im Alter sind durch einen regen Kontakt und Austausch gekennzeichnet. In Deutschland leben rund 27 % der 70 bis 85-jährigen Eltern im gleichen Haushalt oder im gleichen Haus eines ihrer Kinder (Tesch-Römer & Motel-Klingebiel 2004, S. 570). In der Türkei will die Mehrheit alter Menschen einerseits im eigenen Haushalt leben, andererseits möchten sie in der Nähe ihrer Kinder wohnen. Eine nicht veröffentlichte eigene Analyse der Bevölkerungsdaten deutet darauf hin, dass die jüngeren Menschen (20 bis 40 Jahre) eher von ihren Eltern getrennt leben, aber in den mittleren Lebensjahren (etwa ab 45 Jahren) setzt eine Tendenz ein, die darauf hindeutet, dass die jüngere und ältere Generationen (wieder) zum selben Haushalt gehören (eigene Analyse von 2008; es wurden rund 68 Millionen Daten analysiert). Weil die Daten aus einer Bevölkerungszählung stammen, kann nicht mit Sicherheit entschieden werden, ob hier tatsächlich eine Tendenz oder lediglich ein momentaner Zustand vorliegt. Ausgehend von den Befunden der erwähnten Analyse wird aber die Vermutung aufgestellt, dass bei verheirateten jüngeren Menschen erst eine Trennung vom Elternhaus stattfindet und sich erst ab etwa dem 45. Lebensjahr eine „Bewegung zum Elternhaus" in Gang setzt.

Von der Nähe der Familienmitglieder profitieren nicht nur die alten Menschen, sondern auch ihre Kinder. Die familialen Beziehungen sind zwar durch Solidarität, Unterstützung und Emotionalität gekennzeichnet. Jedoch zeichnet sich die moderne Familie auch durch die Eigenschaft der „inneren Nähe durch Distanz" (Tartler 1961) aus, d. h. Menschen leben nicht unter einem Dach zusammen, sondern naheliegende – aber getrennte – Wohngebiete werden bevorzugt. Dies ist auch in der Türkei, insbesondere in Großstädten, zu beobachten.

Im Alter ist der Familienstand besonders wichtig. Deswegen wird in fast allen gerontologischen Untersuchungen der Familienstand der Personen festgestellt und die Lebenssituation der Verheirateten und Alleinstenden verglichen. Man nimmt dabei an, dass im Alter eine der wichtigsten Bezugspersonen der Ehepartner ist. Erst wenn die Verwitwung eingetreten ist, rücken die Kinder in den Vordergrund. Der Familienstand kann die Kontinuität auf verschiedenen Ebenen berühren. Einerseits liefert er Hinweise auf das Vorhandensein einer wichtigen Bezugsperson, andererseits kann aus dem Familienstand auf die Rollen bzw. auf das Tätigkeitsgefüge der Person bezüglich der Haushaltsführung geschlossen werden.

Unter den Befragten befand sich niemand, der geschieden oder getrennt lebend ist. Entweder waren sie verheiratet oder verwitwet. Der Anteil der verheirateten Personen beträgt 32,5 % und der der Verwitweten 67,5 %. Allerdings besteht in Bezug auf den Familienstand ein signifikanter Unterschied zwischen Männern und Frauen. Während unter den männlichen Befragten noch 48,6 % verheiratet waren, sind es bei weiblichen Befragten lediglich 23,4 %. Dagegen sind 51,4 % der Männer und 76,6 % der Frauen verwitwet.

Zufriedenheit mit Freunden, Bekannten, Nachbarn

Außerfamiliale Beziehungen spielen beim „erfolgreichen Altern" auch eine wichtige Rolle. In der Hochaltrigkeit werden die außerfamilialen Kontakte geringer. Einerseits werden sie durch Umzug oder Tod abrupt abgebrochen, andererseits können Kontakte in den Augen der hochbetagten Menschen ihren früheren Stellenwert verlieren. Dann werden sie bewusst abgebrochen.

Kontinuität der sozialen Beziehungen

Oben haben wir erwähnt, dass die Aktivitätstheorie von der Annahme ausgeht, dass zahlreiche soziale Beziehungen fast automatisch zum „erfolgreichen Altern" führen. Dagegen behauptet die Disengagement-Theorie, ein zurückgezogenes, kontaktarmes, introvertiertes Leben führe im Alter zu einem besseren Altern.

Tufan (2007, S. 53) weist auf die mit zunehmendem Alter schrumpfenden sozialen Netzwerke der Hochaltrigen hin. Dies sei nicht nur bloß ein Ergebnis des Alterns, sondern auch ein Ergebnis der Binnenwanderung, die seit Jahrzehnten beobachtet und in der türkischen Öffentlichkeit diskutiert wird. Im Mittelpunkt der Diskussionen steht nur die Jugend, was nicht überraschend ist. Denn sie stellt aus der Sicht der Politik die größte und deswegen auch begehrenswerteste Wählergruppe dar. Die Sorgen und Probleme alter Menschen werden dabei völlig außer Acht gelassen.

Sozialen Beziehungen, Einsamkeit und Isolation stehen in einem engen Zusammenhang. Soziale Beziehungen können positive wie negative Auswirkungen auf die Gesundheit der alten Personen haben. Im hohen Alter werden zwar langjährige Freundschaften fortgeführt, ja sogar nicht selten intensiviert. Auch Beziehungen zwischen den Geschwistern werden aufgefrischt (Lang 2000). Die sozialen Kontakte stellen also eine wichtige Variable im Alter dar. Im Umgang mit anderen Menschen werden die sozialen und emotionalen Bedürfnisse befriedigt. Soziale Beziehungen sind „multifunktional", d. h. sie symbolisieren einerseits konkrete Unterstützung, andererseits Zuwendung und Anteilnahme der sozialen Umwelt (Backes & Clemens 2013, S. 243).

Im hohen Alter gewinnen die Unterstützungen in unterschiedlichen Lebensbereichen an Wichtigkeit. Die Hochbetagten sollten in die soziale Umwelt, in der sie leben, integriert werden. Im Zusammenhang mit Kontinuität wird angenommen, dass die Art und der Umfang der sozialen Beziehungen im hohen Alter wichtige Indikatoren für ein „erfolgreiches Altern" darstellen.

Nach der Kontinuitätstheorie ist die Veränderung des Umfangs der Sozialkontakte wichtig. Hat der hochbetagte Mensch aus seiner Sicht heute ebenso viele Beziehungen zu anderen Menschen wie früher? Hat sich die Zahl der Kontakte vermindert oder vermehrt? Wie wirkt sich die Kontinuität des Umfangs der sozialen Kontakte aus (gleich viele wie früher)? Wie wirkt sich die Diskontinuität des Umfangs der sozialen Kontakte (mehr oder weniger als früher) auf subjektiv verstandenes „erfolgreiches Altern" aus? Das Operationalisieren umfasst nur quantitative Aspekte des Kontakts zu anderen Menschen. Dabei wird die Kontinuität des Umfangs sozialer Beziehungen festgestellt. Soziale Beziehungen haben auch den bedeutenderen qualitativen Aspekt. Dabei spielen Intimität, Emotionalität, Vertrauen und andere Aspekte eine wichtige Rolle (Lang 2000, S. 146).

Auf die Feststellung der Intimitäts- und Vertrauensfunktionen (Wahl & Heyl 2004, S. 145) wurde in dieser Untersuchung verzichtet, da es sehr problematisch ist, diesen Aspekt der sozialen Beziehungen zu ermitteln. Man müsste z. B. für jeden sozialen Kontakt eine Gewichtung vornehmen – und dies müsste retrospektiv durch die Befragten vorgenommen werden, um die Kontinuität bzw. Diskontinuität der sozialen Beziehungen detailliert untersuchen zu können. Nicht nur des Zeitaufwandes, sondern auch methodische Aspekte spielten bei dieser Entscheidung eine Rolle.

Die Kontakte mit anderen Menschen sind auch deswegen eine wichtige Variable, weil sie nicht nur die Bedürfnisse nach Hilfeleistung und Pflege befriedigen, sondern auch das Bedürfnis nach Unterhaltung, sozialer Anerkennung und emotionaler Befriedigung. Der Umfang sozialer Kontakte kann sich im Wesentlichen nicht verändert haben bzw. als gleichgeblieben empfunden werden. Jedoch können sich Kontaktpersonen geändert haben. Damit kann sich die Qualität der Kontakte ändern und diese Diskontinuität kann sich auf das Altern negativ auswirken. Empirische Befunde legen nahe, dass die Familie im Alter in Bezug auf soziale Beziehungen immer wichtiger wird.

Die Kontinuität der Struktur der sozialen Kontakte wurde durch drei Fragen festgestellt:

- Umfang der sozialen Kontakte
- familiale Kontakte
- außerfamiliale Kontakte

Diese Art des Operationalisierens umfasst nur quantitativen Aspekt der Kontinuität des Umfangs der Sozialkontakte. Die Reduzierung auf den Umfang der sozialen Kontakte sagt darüber nichts aus, ob der Verlust für die hochbetagten Menschen auch wichtig gewesen ist. Möglicherweise wird durch die Reduzierung der sozialen Kontakte subjektiv keine nennenswerte Auswirkung erzielt.

Um Veränderungen der Struktur des Sozialkontaktgefüges feststellen zu können, wurden zwei weitere Fragen gestellt. Eine davon betrifft den Bereich „Familie" und die andere den Bereich „außerfamiliale Kontakte".

Wenn aus der Sicht der befragten Personen die Familie – verglichen mit früher – heute wichtiger bzw. unwichtiger geworden ist, wird dies als Diskontinuität bewertet. Wenn die Bedeutung der Familie gleichgeblieben ist, dann liegt eine Kontinuität vor. Wenn eine nahestehende Person durch Trennung oder Tod verloren wurde, dann wird dies als Diskontinuität bewertet. Die Kontinuität bzw. Diskontinuität bezüglich der sozialen Kontakte werden von vielen anderen Faktoren beeinflusst, z. B. durch einen Umzug in einen anderen Bezirk oder in eine andere Stadt oder in ein Altersheim. In unserer Untersuchung werden nur Personen befragt, die in ihren privaten Wohnungen leben. Damit fällt der Umzug ins Altersheim weg. Auf die Auswirkung des Umzugs wird an anderer Stelle (Wohnsituation) eingegangen.

Kontinuität der Aktivitäten

Kontinuität des Umfangs der Freizeitaktivitäten

Der Begriff „Aktivität" stellt eine der wichtigsten gerontologischen Variablen dar und ist höchst komplex. Normalerweise unterscheidet man zwischen Arbeits- und Freizeitaktivitäten. Da bei den hochbetagten Personen die Arbeitsaktivitäten keine Rolle mehr spielen, können diese außer Acht gelassen werden. Dafür sollten die Freizeitaktivitäten mehr in den Vordergrund rücken.

Der Begriff der Freizeit kann unterschiedliche Bedeutungen haben, wie z. B. „Nicht-Arbeitszeit", „Zeit für Wiederherstellung der Arbeitsbereitschaft", die jeweils in der Hochaltrigkeit ihre Bedeutung verloren haben. Dagegen kann die Freizeit als „Raum für menschliche Selbstverwirklichung", als „Bereich für Formen der Entspannung" oder als „Bereich für Formen des Vergnügens" (Hillmann 2007, S. 243) wichtige Rollen im Leben eines hochbetagten Menschen spielen.

Beim Operationalisieren der Kontinuität der Aktivitäten wird zwischen der Kontinuität des Umfangs der Freizeitaktivitäten und der Kontinuität der Struktur der Freizeitbeschäftigungen unterschieden. Hier wird die Frage aufgeworfen, ob die hochbetagten Personen in ihrer Freizeit genauso viel wie früher unternehmen oder nicht. Uns interessiert nicht der Umfang der Aktivitäten, sondern die Veränderung der Form der Aktivitäten.

Kontinuität der Struktur der Freizeitbeschäftigungen

In der Türkei ist allgemein nicht üblich, dass die hochbetagten Personen sich an Treffpunkten versammeln und gemeinsam – unter professioneller Leitung – etwas unternehmen. Das ist den für alte Menschen vorgesehenen Einrichtungen vorbehalten, in denen aber wenige Hochaltrige leben. Diese Einrichtungen als Residenzen für Alten werden „Huzurevi" (dt. Haus der Seelenruhe) genannt und befinden sich hauptsächlich in den Großstädten, in denen kaum pflegebedürftigen hochaltrigen Menschen Dienste angeboten werden.

Das Ministerium für Familien- und Sozialpolitik der Türkei reagierte im April 2017 auf eine Anfrage eines stellvertretenden Kommissionsmitglieds und Beauftragten für die Untersuchung der Menschenrechte. Danach existieren in der Türkei insgesamt 376 Einrichtungen, in denen für alte Menschen mehr oder minder auch Pflegedienste dargeboten werden. In diesen Einrichtungen könnten 31477 Personen im Rahmen der Altenhilfe betreut werden, aber 5567 Betten stehen leer. Insgesamt 25434 alte Menschen wohnen in diesen Einrichtungen. Die Türkei hat 81 Städte, von denen 20 keine Pflegeeinrichtung für die Alten haben. (http://www.ocakmedya. com/genel/2017/10/10/turkiyede-huzurevi-olmayan-iller-aciklandi-iste-o-20-il/ , 10.10.2017). Also haben in 25 % der Städte der Türkei pflegebedürftige alte Menschen in ihrer Umgebung, in der sie leben, gar keine Altenpflegedienste, obwohl sich die Pflegebedürftigkeit unabhängig von der Region bzw. Stadt darstellt (Tufan 2007). Die Politik konzentriert sich in erster Linie auf die Jugend, mit Begründungen wie Arbeitslosigkeit, Bildung, Beruf etc. Dabei wird übersehen, dass die heutigen Jungen die zukünftigen Alten sind (Tufan 2007).

Tab. 8   Operationalisieren der sozialen Umwelt als Kontinuität

Determinanten	Definitionen
Die soziale Umwelt determiniert das „erfolgreiche Altern".	„Erfolgreiches Altern" bedeutet Kontinuität der sozialen Umwelt, die nicht als verunsichernder Faktor erlebt wird.
	Indikatoren
	• Einkommen
	• Familienstand
	• Familie
	• Soziale Kontakte
	• Aktivitäten

In der Hochaltrigkeit kann sich nicht nur der Umfang der Aktivitäten verändern, sondern auch deren Struktur. Es ist anzunehmen, dass viele der Freizeitaktivitäten, die früher eine größere Rolle im Leben der Personen gespielt haben, heute in den Hintergrund getreten sind. Z. B. verlieren Aktivitäten, die höhere körperliche Leistungen von der Person abverlangen, wahrscheinlich ihre Attraktivität. Zusätzlich nehmen wir an, dass die Struktur der Freizeitaktivitäten aus Vorlieben und Abneigungen früherer Lebensjahre entwickelt wurden. Die altersbedingten Veränderungen in den Aktivitäten interpretieren wir als Diskontinuität.

Physische Umwelt

Zufriedenheit mit Wohnung

Ältere Menschen verbringen viel Zeit in ihren Wohnungen. Daraus sollte nicht auf ein eintöniges und langweiliges Leben geschlossen werden. „Wie Wohnen im

Alter erlebt wird, kann zum einen quantitativ am Ausmaß der Wohnzufriedenheit abgelesen werden, beinhaltet zum anderen aber auch qualitativ vielfältige Wohnbedeutungen unterschiedlichen Inhalts" (Mollenkopf et al. 2004, S. 348).

Alte Menschen möchten in ihrer gewohnten Umwelt leben. Deswegen ziehen sie ungern um. Aber bestimmte Gründe können einen Umzug unvermeidlich machen – oder die Person selbst will umziehen. Dabei spielen drei Gründe eine entscheidende Rolle: Die alte Person vermisst die „Nähe zur Familie"; oder ihre Wohnung hat viele Mängel, die das Leben im Alter erschweren und daraus entsteht der Wunsch der „Überwindung von Wohnungsmängeln"; oder die alte Person will einen „attraktiven Wohnsitz" (Friedrich 1995, zit. Mollenkopf et al. 2004, S. 349).

Kontinuität der Wohnsituation

Die Wohnsituation eines hochbetagten Menschen kann sich als komplexe Variable darstellen. In der Hochaltrigkeit wird die Wohnsituation nicht nur von den Lebensumständen bestimmt, sondern auch von Entscheidungen der Familienmitglieder. Die Wohnsituation wirkt sich u. a. auch auf die Art und den Umfang sozialer Kontakte der alten Person aus.

Kontinuität der Wohnung und des Wohnortes

Im hohen Alter können Umzüge stattfinden, z. B., um in die Nähe der Kinder zu ziehen. Die Übersiedlung in ein Altersheim oder in eine Pflegeeinrichtung sind Gründe für einen Umzug, die in dieser Untersuchung nicht berücksichtigt werden, da keiner der befragten Personen Altenheimbewohner ist.

Die Kontinuität des Wohnortes hat oft unterschätzten Einfluss auf die subjektive Bewältigung des Alternsprozesses. Bei einem Umzug in eine andere Wohnung, vielleicht sogar in ein anderes Viertel oder an einen anderen Ort, muss man neue Nachbarn, neue Einkaufswege, neue Spazierwege erst kennenlernen. Das kann wiederum Zeit und Energie fordern und kann als verunsichernde Diskontinuität erlebt werden.

Tab. 9 Operationalisieren der physischen Umwelt

Determinanten	Definitionen
Die physische Umwelt determiniert das „erfolgreiche Altern".	„Erfolgreiches Altern" bedeutet Kontinuität der physischen Umwelt.
	Indikatoren
	• Wohnung
	• Wohnort

Methodologische Fragen

Die Kommunikation ist nicht nur die Grundlage des Zusammenlebens, sondern auch die Grundlage jeder Befragung. In der Befragung wird über bestimmte Sachverhalte kommuniziert. Dabei entsteht zwischen Befragten und Befrager eine vorübergehende Beziehung, ohne diese – zumindest in vorgesehener Art und Weise – ein Kommunizieren unmöglich wäre. Implizit steht im Hintergrund die Frage, wie man zueinander steht. Die Befragung ist ein asymmetrisches Kommunizieren. Die Interviewer stellen Fragen, und die Befragten geben Antworten.

Dabei ist es wichtig, dass die Forscher selbst sich von ihren eigenen verzerrten Wahrnehmungen befreien, damit die Befunde erst Gültigkeit erhalten. Um dem Ziel der Gültigkeit möglichst nahe zu kommen, wurden in dieser Untersuchung für jedes Interview zwei Interviewer eingesetzt, so dass unterschiedliche Wahrnehmungen im Anschluss diskutiert werden konnten.

Da es sich hier um eine standardisierte Befragung handelt, sind die Antwortalternativen vorgegeben. Im Augenblick des Antwortens (Kommunizierens) kann die befragte Person sich öffnen, eine Art Selbstoffenbarung betreiben. Sie kann aber auch die Antwort verweigern.

Die Befragung selbst ist ein Appell an die Personen, die zufällig ausgewählt sind. Dahinter stehen Erwartungen, Wünsche und Anforderungen des Forschers. Die Befragung ist eine Methode, durch die die Befragten und Interviewer in eine von den Interviewern inszenierte Kommunikationssituation freiwillig eintreten. Damit wird deutlich, dass man mit einer Befragung viele Informationen, die wahrscheinlich sehr interessant sind, nicht bekommt, weil die Antworten – in einer standardisierten Befragung – schon vorher definiert worden sind.

Bei empirischen Untersuchungen sollten die methodischen Instrumente darauf hin überprüft werden, inwiefern die Forschungsfrage am besten beantwortet werden kann. Dabei stellt sich für diese Studie die Frage, ob eine Querschnitts- oder Längsschnittstudie besser wäre. Die Längsschnittstudien bieten die Möglichkeit, dass man mehrere, wiederholte Beobachtungen durchführen kann. Somit könnte z. B. das gesamte Verhalten älterer Menschen beobachtet werden. Jedoch spricht gegen diese Methode die Reaktivität des Messinstruments, die mit der Beobachtung verbunden ist (Campbell 1957; zit. Bortz & Döring 2006). Externe zeitliche Einflüsse können die Überprüfung von Hypothesen beeinflussen, und der Einfluss externer Faktoren, die ihrerseits inzwischen eine Veränderung erfahren haben, kann übersehen werden (Bortz & Döring 2006, S. 502).

Bei den Längsschnittstudien können weder epochale noch altersbedingte Effekte ausgeschlossen werden. Deswegen konfundieren oft in Längsschnittuntersuchungen diese Effekte. Zusätzlich muss mit den Ausfällen der Untersuchungseinheiten gerechnet werden. Die Resultate gelten nur für die untersuchte Generation. Man kann sie nicht auf andere Generationen übertragen. Häufigere Untersuchungen bewirken außerdem Erinnerungs-, Übungs- und Gewöhnungseffekte, die die Resultate verfälschen können. Nicht zu unterschätzen ist auch der Untersuchungsaufwand. Die Längsschnittstudien erfordern viel Zeit (Bortz & Döring 2006, S. 566).

Die Querschnittuntersuchungen haben ebenfalls ihre Nachteile. Mit fortschreitendem Alter verändern sich die Stichproben systematisch in Bezug auf einige Merkmale (selektive Populationsveränderung). Die Vergleichbarkeit der Messinstrumente kann vom Alter der Personen abhängen. Z. B. können Denkaufgaben, die bei jüngeren Personen kreative Denkleistungen erfordern, von Älteren durch Erfahrung und Routine gelöst werden (Bortz & Döring 2006, S. 565–566).

Die Querschnittuntersuchung ist für diese Studie praktikabler. Aber dabei besteht die Gefahr, dass Generationsunterschiede als Alterns- bzw. Entwicklungsunterschiede interpretiert werden. In unserer Untersuchung existiert diese Gefahr nicht, da die Stichprobe aus Personen besteht, die 80 Jahre und älter sind. Praktisch gehören alle einer Generation an. Das stellt aber auch einen Nachteil dar, da kein Vergleich zwischen den Generationen möglich ist. In Anbetracht der vorliegenden Fehlerquellen müssen die Resultate vorsichtig interpretiert werden.

Vorbereitung der Interviewer

Die Informationen über die Kommunikation bergen auch einige Risiken in sich, die die Antworten der Befragten verfälschen können, obwohl die Thematik davon unberührt bleibt. Diese Gefahren müssen erkannt und Maßnahmen dagegen ergriffen werden. Zum Beispiel muss das Machtgefälle zwischen Befragten und Befrager aufrechterhalten werden. Denn nur so kann eine gewollte Asymmetrie im gesamten Gespräch, das keine bloße Unterhaltung ist, bewahrt werden. Während des Gesprächs sollten einerseits die Befragten dem Befrager vertrauen, andererseits der sollte der Befrager das Vertrauen nicht missverstehen. Es geht nicht darum, wie in einem Psychotherapiegespräch eine Empathie zu entwickeln. Es geht vielmehr darum, den Sachgehalt der Kommunikation zu erfassen. Damit die Befragungssituationen untereinander vergleichbar sind, wurden die studentischen Interviewer in einem zweitägigen Training in der Durchführung der Interviews geschult. Alle 43 freiwilligen Interviewer nahmen an dieser Schulung teil.

Jedes Interviews wurde von zwei Interviewern durchgeführt. Das erfordert mehr Ressourcen, ist aber ein Kontrollmechanismus, der die Befragungsergebnisse absichert. Wir gehen davon aus, dass die Fragebögen vom Interviewer selbst ausgefüllt werden und Fehler durch diese Maßnahme gesenkt werden können. Außerdem sollten sich die Interviewpartner bei der Befragung wechselseitig beobachten und im Falle einer Abweichung von eingeübten Verhaltensweisen, die in der Interviewerschulung trainiert wurden, korrigierend eingreifen.

Auch durch die befragten Personen können die Antworten verfälscht werden. Insbesondere durch die soziale Erwünschtheit können Antworten eine Tendenz bekommen, die zur sozial erwünschten Seite hin abweichen. Deswegen wurden die Personen ausdrücklich gebeten, dass sie nur die Antworten geben sollten, von denen sie selbst überzeugt sind und ihre Antworten keine Bewertungen ihrer Persönlichkeit und ihrer sozialen und körperlichen Verfassung darstellen.

Ein Pretest wurde durchgeführt. Dadurch konnten geeignet erscheinende Fragen ausgewählt, die Verständlichkeit der Fragen getestet und anschließend korrigiert werden. Die Voruntersuchung wurde mit einer Stichprobe von 30 Personen durchgeführt. Dabei wurden Personen befragt, die 80 Jahre und älter waren. Neben dem Autor nahmen noch weitere vier Fachleute an dieser Voruntersuchung teil. Statistische Analysen wurden mit der Statistiksoftware SPSS durchgeführt.

Auswahl der Stichprobe und ihre Beschreibung

Die Untersuchung wurde an einer Zufallsstichprobe, bestehend aus 477 Personen, die 80 Jahre und älter sind und in Nazilli wohnen, durchgeführt. Die Adressen der Personen haben wir vom Einwohnermeldeamt der Stadt Aydin erhalten. Nach einem Zufallsverfahren wurden die Anschriften von 800 Personen entnommen.

Tab. 10 Stichprobenausfälle und auswertbare Interviews

	Absolut	relativ %
Krank (davon 11 Demenz)	92	11,5
Verweigert	72	9,0
Abgebrochen	37	4,6
Nicht erreichbar	35	4,4
unbrauchbare Interviews	31	3,9
Verstorben	29	3,6
Verreist	27	3,4
Ausfälle insgesamt	323	40,4
Auswertbare Interviews	477	59,6
Insgesamt	800	100,0

Tab. 11 Familienstand der Befragten

	Männer		Frauen		Gesamt	
	abs.	rel. %	abs.	rel. %	abs.	rel. %
Verheiratet	84	48,6	71	23,4	155	32,5
Verwitwet	89	51,4	233	76,6	322	67,5
Gesamt	173	100,0	304	100,0	477	100,0

Befunde

4

Gesundheit

Auf die Frage (Frage: GES) „Wenn Sie Ihren jetzigen Gesundheitszustand mit dem Gesundheitszustand als Sie 60–70 Jahre alt waren vergleichen, geht es Ihnen heute alles in allem viel besser, besser, gleich, schlechter oder viel schlechter?" gaben 17,2 % der Befragten die Antwort „gleich". Eine Verbesserung bezüglich des Gesundheitszustands sahen lediglich 3,8 % der Befragten. Dagegen hat bei 79,1 % der Befragten hinsichtlich des Gesundheitszustands eine Verschlechterung stattgefunden (Tabelle 12).

Tab. 12 Veränderung des Gesundheitszustands*

Gesundheits-zustand	Selbst-einschätzung		Gesundheits-zustand	Interviewer-einschätzung	
	abs.	rel. %		abs.	rel. %
viel schlechter	102	21,4	sehr schlecht	108	22,6
schlechter	275	57,7	schlecht	272	57,0
gleich	82	17,2	normal	83	17,4
besser	11	2,3	besser als normal	5	1,0
viel besser	7	1,5	relativ gut	9	1,9
Gesamt	477	100,0	Gesamt	477	100,0

*) Falls keine Angabe bzw. keine Bewertung, dann werden diese Personen nicht berücksichtigt. Für eine bessere Übersichtlichkeit werden bei Tabellen nur die verwertbaren Daten angegeben.

Der Gesundheitszustand der befragten Personen wurde von Interviewern einge-schätzt. Beide Verteilungen sehen ähnlich aus. Ein Korrelationstest bestätigt diese

© Springer Fachmedien Wiesbaden GmbH, ein Teil von Springer Nature 2019
İ. Tufan, *Langlebigkeit in der Türkei*, Dortmunder Beiträge zur Sozialforschung, https://doi.org/10.1007/978-3-658-26024-8_4

subjektive Wahrnehmung. Die Selbsteinschätzung und Interviewereinschätzung korrelieren hoch miteinander (r=0.70; p<0,001). Die subjektiven Selbstbewertungen des Gesundheitszustands stimmen mit den Beobachtungen der Außenstehenden überein.

Weil wir an der Kontinuität bzw. Diskontinuität interessiert sind, werden Antworten „viel schlechter" und „schlechter" als negative und Antworten „besser" und „viel besser" als positive Diskontinuitäten interpretiert. Dagegen bedeutet die Antwort „gleich" hier eine Kontinuität des Gesundheitszustandes (Tabelle 13).

Tab. 13 Kontinuität des Gesundheitszustandes

Kontinuität vs. Diskontinuität	Selbsteinschätzung der Befragten	
	abs.	rel. %
Negative Diskontinuität	377	79,1
Kontinuität	82	17,2
Positive Diskontinuität	18	3,7
Gesamt	477	100,0

Bei rund 79 % der Befragten zeichnet sich bezüglich der Gesundheit eine negative Diskontinuität und bei rund 17 % eine Kontinuität ab. Lediglich 4 % der Befragten konnten eine positive Diskontinuität bezüglich der Gesundheit erleben. Das ist ein wichtiges Ergebnis, weil es uns zeigt, dass im Bereich des Organismus nicht nur subjektive Verluste, sondern manchmal subjektive Gewinne erzielt werden können. Die Befunde deuten insgesamt darauf hin, dass die Hochaltrigkeit bezüglich der Gesundheit in erster Linie ein „Verlustgeschäft" ist.

Selbständigkeit im Alltag

Die Veränderung des Gesundheitszustands gibt keine Auskunft darüber, wie die Selbständigkeit der Person davon betroffen ist. Die Kontinuität der Selbständigkeit im Alltag wurde mit Barthel-Index (Schädler et al. 2009, S. 76ff.) gemessen. Zum Zwecke der Untersuchung wurde nur ein Teil dieses Indexes verwendet.

In der Tabelle (Tabelle 15) fällt auf, dass in der Kategorie „Mobilität" leere Zellen existieren. Das bedeutet: keiner der Befragten hat bezüglich der Mobilität eine Verbesserung erlebt. Dagegen gibt es in anderen Kategorien durchaus „Erfolge" zu verzeichnen. Die Gründe dafür können z. B. ein erfolgreicher medizinischer Eingriff oder eine Rehabilitationsmaßnahme sein. Aus der Sicht der Kontinuitätshypothese stellen diese positive Diskontinuitäten dar.

Interessanter ist eher, in welchen Kategorien und in welchem Maße eine Kontinuität der Selbständigkeit vorliegt. Um das feststellen zu können, müssen wir die Antwortkategorie „gleichgeblieben" ansehen. Etwa 24 % der Befragten haben keine wesentlichen Inkontinenzerfahrungen. Rund 25 % stellen keine wesentlichen Veränderungen in den Bereichen der Körperpflege und des An- und Ausziehens fest. Etwa 24 % der Befragten können heute noch Treppen steigen. Sie sehen keine Veränderung in diesem Bereich. Im Bereich der Mobilität jedoch können etwa 16 % der Befragten über eine Kontinuität berichten. Im Bereich der Inkontinenz berichten rund 33 % und im Bereich der Körperpflege etwa 29 % über eine Verbesserung. Auch im Bereich des An- und Ausziehens und des Treppensteigens wurden Erfolge erzielt (15 % und 14 %). Nur im Bereich der Mobilität werden in der Hochaltrigkeit nur noch Verluste erlebt. Jedoch wir dürfen nicht übersehen, dass im betrachteten Zeitraum die Mehrheit der Befragten deutliche Verluste hinnehmen musste. Im Vergleich zu der Zeit, in der die Befragten 60–70 Jahre alt waren, können sich etwa 84 % schlechter bewegen, etwa 62 % Treppen schlechter begehen, etwa 59 % haben Probleme beim An- und Ausziehen, etwa 46 % haben Probleme bei der Körperpflege und etwa 44 % haben Inkontinenzprobleme. Diese Ergebnisse bestätigen vorherige Analysen. Die Lebensphase der Hochaltrigkeit im Untersuchungsbereich „Organismus" ist oft mit Hilfe- und Pflegebedürftigkeit verbunden (vgl. Tufan 2007).

Tab. 14 Selbständigkeit im Alltag nach Barthel-Index

Selbstständigkeit	Blase/ Stuhlgang	Körper- pflege	Mobilität	An- und Ausziehen	Treppen- steigen
	N=464	N=464	N=408	N=469	N=472
viel schlechter	15,9	19,0	55,1	17,3	12,5
schlechter	27,6	27,2	28,9	41,8	49,2
gleich	23,9	25,2	15,9	24,9	24,2
besser	29,3	26,1	.	14,7	12,9
viel besser	3,2	2,6	.	1,3	1,3
Gesamt	100,0	100,0	100,0	100,0	100,0

Die Kontinuität der Selbständigkeit sehen wir noch einmal an, indem wir die Befunde in drei Kategorien zusammenfassen (Tabelle 15). Jetzt erkennen wir, dass der maximale negative Diskontinuitätswert in der Kategorie „Mobilität" erreicht wird, der minimale positive Diskontinuitätswert in der Kategorie „Treppensteigen".

Die Kategorie „Treppensteigen" könnte unter der Kategorie „Mobilität" bewertet werden, da die Mobilität das Treppensteigen auch umfasst. Nach diesen Befunden wird deutlich, dass der Verlust der Mobilität im hohen Alter ein großes Problem darstellt. Viele Probleme im hohen Alter, die mit der Mobilität zusammenhängen, könnten gelöst oder zumindest verringert werden, wenn die Fähigkeit zur Mobilität aufrechterhalten wird.

Tab. 15 Kontinuität der Selbständigkeit im Alltag

Selbstständigkeit	Blase/ Stuhlgang	Körper- pflege	Mobilität	An- und Ausziehen	Treppen- steigen
	N=464	N=464	N=408	N=469	N=472
Negative Diskontinuität	43,5	46,1	84,1	59,1	61,7
Kontinuität	23,9	25,2	15,9	24,9	24,2
Positive Diskontinuität	32,5	28,7	.	16,0	14,2
Gesamt	100,0	100,0	100,0	100,0	100,0

Von diesen Antworten ausgehend haben wir einen ORGANISMUS-INDEX kreiert. Dabei werden die Werte der Kategorien GLEICH, POSITIV und NEGATIV addiert und ein SUMMENSCORE gebildet, der Werte zwischen -5 bis +5 annehmen kann. Dabei stellen Minuswerte die negativen Diskontinuitäten, Pluswerte die positiven Diskontinuitäten und der Wert Null die Kontinuität dar.

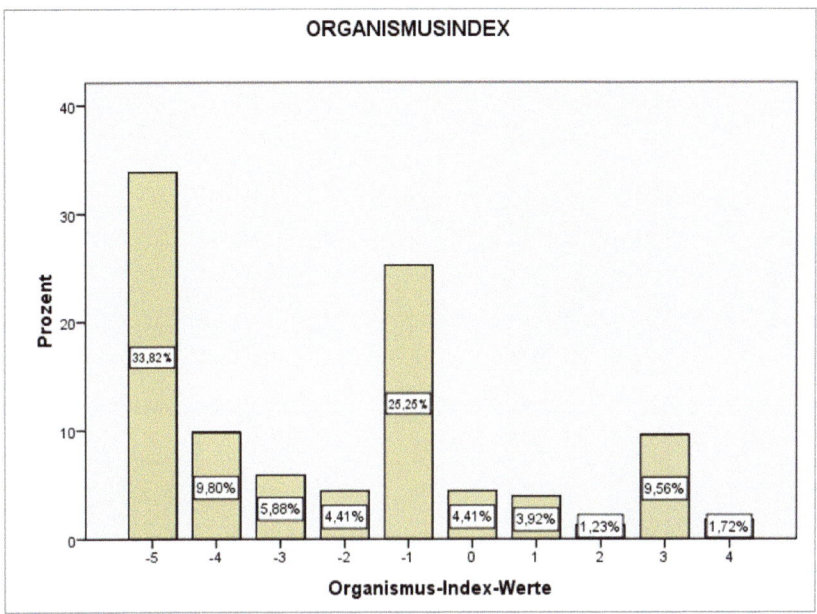

Abb. 5 Aus den Selbständigkeitsfragen konstruierter Organismus-Index
(Werte können zwischen -5 bis +5). (n=408)

Aus der Verteilung des Organismus-Indexes ersehen wir, dass die „echte" Kontinuität, d. h. in allen fünf Selbständigkeitsdimensionen, lediglich bei 4,41 % der Befragten vorliegt. Wir sehen auch, dass jede dritte Person in allen Kategorien und jede vierte Person in einer der Kategorie negative Diskontinuitäten erlitten hat, während positive Kontinuitäten insgesamt lediglich 16,42 % ausmachen. Somit wird deutlich, dass zwischen den Lebensjahren 60–70 und 80+ der Organismus deutliche Verluste hinnehmen musste (Abbildung 6).

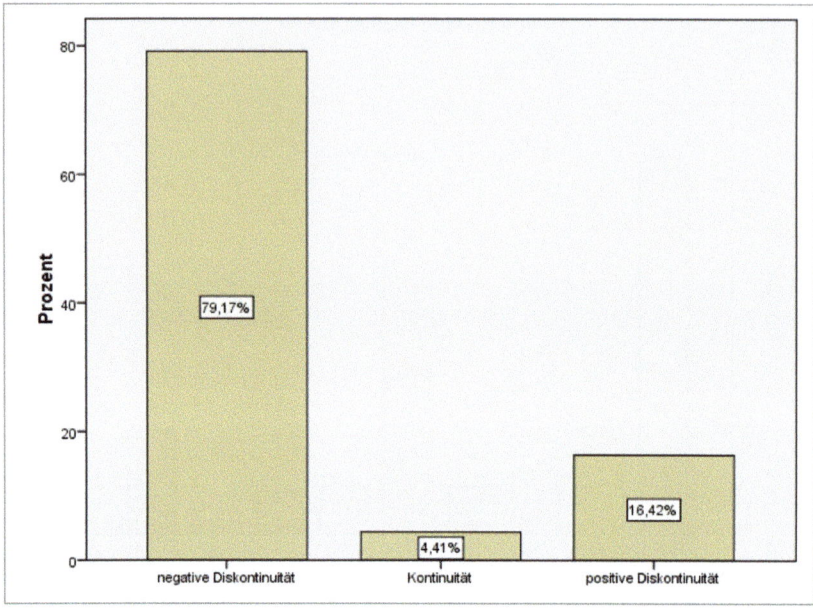

Abb. 6   In drei Kategorien zusammengefasster Organismus-Index

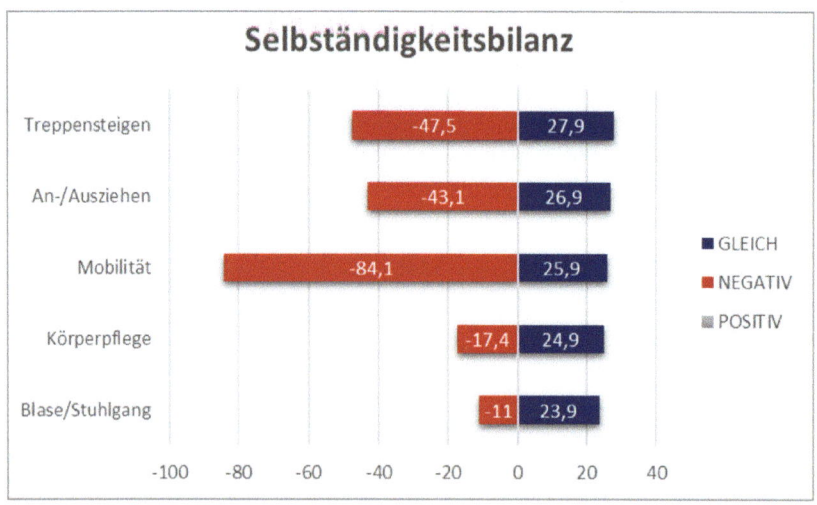

Abb. 7   Selbständigkeitsbilanz

Subjektive Gesundheitszufriedenheit

In der sozialpsychologischen Literatur wird oft über Paradoxien des Erlebens berichtet. Menschen, von denen man nicht vermutet, dass sie glücklich sein könnten, sagen selbst, dass sie mit ihrem Leben zufrieden sind. Und es gibt Menschen, von denen eher man annehmen würde, dass sie glücklich wären, aber diese Wahrnehmung entpuppt sich nicht selten als falsch.

Tab. 16 Subjektive Gesundheitszufriedenheit

Subjektive Gesundheitszufriedenheit	Insgesamt N=477	Männer N=173	Frauen N=304
sehr unzufrieden	10,3	10,4	10,3
unzufrieden	31,2	35,8	31,2
teils-teils	33,8	27,7	33,8
zufrieden	15,9	16,2	15,9
sehr zufrieden	8,8	9,8	8,8
Gesamt	100,0	100,0	100,0

Auf unsere Frage „Wie zufrieden sind Sie heute alles in allem mit Ihrer Gesundheit?" (Tabelle 16) gaben rund 42 % an, dass sie mit ihrer Gesundheit „nicht zufrieden", 24 % „zufrieden" und 34 % „teil-teils" zufrieden sind. Die Varianzen zwischen den Geschlechtern bezüglich subjektiver Gesundheitszufriedenheit sind nicht signifikant (χ^2=5.08, df=4, p>0.05).

In einer Kreuztabelle haben wir die Kontinuität/Diskontinuität des Organismus und der subjektiven Gesundheitszufriedenheit zusammengefasst. Dabei zeigten sich signifikante Unterschiede (Tabelle 17) (χ^2=82.36, df=8, p<0.001). Die meisten der Befragten (55,1 %), die negative Diskontinuität erlebten, sind mit ihrer Gesundheit eher unzufrieden. Von den wenigen Befragten (18 Personen), die ihren Gesundheitszustand mehr oder weniger aufrechterhalten konnten, gaben 55,5 % (10 Befragte) an, dass sie mit ihrer Gesundheit zufrieden sind. Von denjenigen, die eine positive Diskontinuität erlebten, berichten 55,8 %, dass sie mit ihrer Gesundheit zufrieden sind. Dieses Ergebnis kann dahingehend interpretiert werden, dass sich sowohl Kontinuität der Gesundheit als auch zurückgewonnene Gesundheit auf die Lebenszufriedenheit in der Hochaltrigkeit positiv auswirken.

Tab. 17 Subjektive Gesundheitszufriedenheit in Verbindung mit der Kontinuität und
Diskontinuität bezüglich des Organismus

Subjektive Gesundheitszufriedenheit	negative Diskontinuität	Kontinuität	positive Diskontinuität	Gesamt
	N=323	N=18	N=67	N=408
sehr unzufrieden	13,3	5,6	6,0	11,8
unzufrieden	41,8	11,1	6,0	34,6
teils-teils	29,4	27,8	29,9	29,4
zufrieden	8,4	22,2	38,8	14,0
sehr zufrieden	7,1	33,3	19,4	10,3
Gesamt	100,0	100,0	100,0	100,0

Selbstbild

Die Befragten wurden gebeten, sich selbst in die Kategorien „alt", „sehr alt", „Greis"
und „nicht alt" einzustufen. Der Begriff „jung" erschien als ungünstig, da wir annahmen, dass kaum jemand mit 80 und mehr Jahren sich ernsthaft noch als jung
bezeichnen würde. Stattdessen wurde der Begriff „nicht alt" verwendet.

Tab. 18 Selbstbild der Befragten

Selbstbild	Gesamt	Männer	Frauen
	N=477	N=173	N=304
Alt	37,5	27,7	43,1
Sehr alt	29,4	28,3	29,9
Greis	31,4	42,8	25,0
Nicht alt	1,7	1,2	2,0
Gesamt	100,0	100,0	100,0

Rund 38 % der Befragten haben sich für den Begriff „alt" entschieden, gefolgt vom
„Greis" (rund 31 %). Für „sehr alt" entschieden sich rund 29 % und 2 % fühlen sich
„nicht alt". Die meisten Männer bezeichnen sich als „Greis" (rund 43 %) und die
meisten der Frauen haben sich für „alt" (ebenfalls rund 43 %) entschieden. (ϕ=0.2,
p<0.001). Von diesem hoch signifikanten Ergebnis kann angenommen werden,
das Selbstbild sei stark vom „Geschlecht" abhängig. Jedoch gibt es möglicherweise
noch andere Ursachen. Zum Beispiel könnten hier gesellschaftliche und kulturelle

Faktoren eine entscheidende Rolle gespielt haben, die in der türkischen Gesellschaft das „Mann-Sein" bzw. „Frau-Sein" definieren und sich vermutlich bis ins hohe Lebensalter auswirken.

Oben wurde ein Organismus-Index konstruiert, in dem die Kontinuitäten und Diskontinuitäten in drei Kategorien aufgeteilt sind. Wenn die Männer und Frauen bezüglich Kontinuität und Diskontinuität mit Hilfe des Organismus-Indexes verglichen werden, entsteht ein anderes Ergebnis zum „Selbstbild", das eine bessere Interpretation zulässt. Aus Tabelle 19 wird deutlich, dass die Männer signifikant weniger negative Diskontinuitäten und signifikant mehr positive Diskontinuitäten erlebt haben. Dafür sind Kontinuitäten bei den Männern und Frauen etwa gleich. Für den signifikanten Unterschied zwischen den Geschlechtern bezüglich des „Selbstbilds" sind die Diskontinuitäten entscheidend.

Tab. 19 Vergleich der Geschlechter bezüglich Kontinuität und Diskontinuität im Bereich Organismus

	männlich	weiblich
	N=173	N=235
negative Diskontinuität	76,3	81,3
Kontinuität	4,6	4,3
positive Diskontinuität	19,1	14,5
Gesamt	100,0	100,0

Nach unserer Kontinuitätshypothese haben negative Diskontinuitäten auch negative Wirkungen auf das „erfolgreiche Altern". Hier müssen wir die positiven Diskontinuitäten entweder außer Acht lassen – oder wir bewerten sie als einen positiven Beitrag für das „erfolgreiche Altern" und fassen sie mit den echten Kontinuitäten zusammen. Der zweite Weg scheint der bessere zu sein, und somit erhöht sich der Wert der Kontinuität auf rund 21 %, wobei dieser Wert für Männer bei rund 23 % und für Frauen bei 19 % liegt (Tabelle 20). Das heißt, dass die Frauen im Bereich Organismus insgesamt mehr negative Diskontinuitäten erlebt haben als die Männer. Jedoch sind die Unterschiede nicht signifikant ($\phi = 0.06$, $p>0.05$). Somit besteht zwischen den Geschlechtern bezüglich des Selbstbilds kein Unterschied.

Tab. 20 Kontinuitäten (= echte + positive Diskontinuitäten) und negative
Diskontinuitäten im Vergleich der Geschlechter

	Gesamt	Männer	Frauen
	N=408	N=173	N=235
Diskontinuität	79,2	76,3	81,3
Kontinuität	20,8	23,7	18,7
Gesamt	100,0	100,0	100,0

Die Kategorien „sehr alt" und „Greis" wurden zusammengefasst, da es zwischen
den beiden Bezeichnungen keinen erkennbaren Unterschied gibt. Die wenigen
Ausnahmen, die sich als „nicht alt" bezeichneten, wurden außer Acht gelassen.
Somit ergeben sich zwei Kategorien, die als „Alte" (rund 38 %) bzw. „alte Alte"
(rund 62 %) bezeichnet wurden. Man sieht sofort (Tabelle 21), dass in der Kategorie „alte Alte" mehr Männer als Frauen sind (73 % Männer, 56 % Frauen). Dieser
Unterschied (ϕ= -0.16, p<0,001) ist deswegen beachtenswert, da oft angenommen
wird, dass eher Frauen geneigt sind, sich in der Rolle des Alters zu sehen. Das heißt,
dass eher die Männer mit Altersproblemen nicht zurechtkommen, insbesondere,
wenn sie verwitwet sind (vgl. Witterstätter 2003).

Tab. 21 Selbstbild der „Alten" und „alten Alten" nach Geschlecht

	Gesamt	Männer	Frauen
	N=469	N=171	N=298
Alte	38,2	28,1	44,0
Alte Alte	61,8	71,9	56,0
Gesamt	100,0	100,0	100,0

In der vorliegenden Studie konnte für diese Behauptung insofern ein Nachweis
gefunden werden, dass in beiden Fällen (verheiratet, verwitwet) Männer in der „alte
Alte"-Kategorie signifikant höher vertreten sind als Frauen (alte Alte/verheiratet:
rund 71 % Männer, rund 44 % Frauen; alte Alte/verwitwet: rund 72 % Männer;
rund 60 % Frauen). (verheiratet: ϕ = -0.28, p<0.001 / verwitwet: ϕ= -0.12, p<0.05).
Mit anderen Worten: Das Selbstbild der hochbetagten Männer ist signifikant
negativer als der hochbetagten Frauen. Das kann damit zusammenhängen, dass
Frauen sehr früh in ihrem Leben lernen müssen, mit dem körperlichen Altern zu-
rechtzukommen. Sozusagen „tickt" ihre „biologische Uhr" anders. Frauen verlieren

für das andere Geschlecht ihre Attraktivität früher, fühlen sich unter dem Druck von „Schönheitswahn" und „Schlankheitswahn", der in unserer Gesellschaft weit verbreitet ist, unattraktiv und müssen mehr kämpfen als gleichaltrige Männer, um die Aufmerksamkeit des anderen Geschlechts auf sich zu ziehen.

Diese Begründung mag „komisch" erscheinen, entspricht aber oft der alltäglichen Realität. Es ist wohl kein Zufall, dass die Modebranche kaum ältere Modelle engagiert oder ältere weibliche Moderatorinnen von Fernsehsendern aussortiert werden. Älteren Frauen bleiben oft nur Werbungen für „Schmerzmittel", „Haarausfall mit 40" oder scheinbar „noch mit jungen Menschen konkurrierende ältere Frauen, die im Internet surfen und den jungen Menschen Ratschläge über Smartphones erteilen". Dahinter steht mehr oder weniger verdeckt der Sexismus, der noch in vielen Bereichen des Lebens oft erkennbar ist. „Dass nicht nur die Klassenzugehörigkeit bei der Verteilung von Lebenschancen eine Rolle spielt, sondern auch ebenso die Geschlechtszugehörigkeit, lässt sich an dem Zusammenhang von Rassismus und Sexismus festmachen. Die schwarzen Sklavinnen in Amerika wurden zwar von den weißen Plantagenbesitzern genauso ausgebeutet wie ihre männlichen Schicksalsgenossen, zusätzlich wurde jedoch ihre weibliche Geschlechtlichkeit missbraucht: Die Vergewaltigung schwarzer Frauen gehörte zur Kolonieherrschaft weißen Patriarchats" (Becker-Schmidt 1999, S. 195). In diesem Zusammenhang können auch in der türkischen Gesellschaft in den letzten Jahren deutlich zugenommene Vergewaltigungen junger Frauen mit Todesfolgen registriert werden. Glücklicherweise blieben alte Frauen bisher weitgehend hiervon verschont. Jedoch kann dies auch als, wenngleich trauriges, Indiz für die hier vorgelegte Interpretation aufgefasst werden.

Der Unterschied der Tabelle 22 zur Tabelle 21 besteht darin, dass neben den Dimensionen Geschlecht und Selbstbild, die Dimension Kontinuität und Diskontinuität in die Analyse einbezogen sind. Man erkennt, dass die „Kontinuität x Selbstbild x Geschlecht"-Verteilung gleichmäßig ist, während die „Diskontinuität x Selbstbild x Geschlecht"-Verteilung ungleichmäßig zu Ungunsten der Männer ausfällt. Rund 80 % der Männer und 67 % der Frauen befinden sich in der Kategorie „Diskontinuität x alte Alten x Geschlecht"-Verteilung. Somit verschwindet die Signifikanz in der „Kontinuitätserfahrung" (ϕ=-0.128, p>0.05) und besteht nur noch in der „Diskontinuitätserfahrung" (ϕ=-0.145, p<0.01).

Mit relativ hoher Wahrscheinlichkeit können wir davon ausgehen, dass nicht das Geschlecht, sondern negative Diskontinuitäten für diese Unterschiede verantwortlich sind und das Geschlecht eine „Scheinkorrelation" verursacht. Die Kontinuität erzeugt positive Erlebnisse, die bei Männern und Frauen ähnlich empfunden wird.

Tab. 22 Vergleich der Geschlechter bezüglich der Kontinuität und Diskontinuität im Bereich Organismus

Diskontinuität		Männer N=131	Frauen N=188	Gesamt N=319
	Alte	19,8	33,0	27,6
	Alte Alte	80,2	67,0	72,4
	Gesamt	100,0	100,0	100,0
Kontinuität		N=40	N=43	N=83
	Alte	55,0	67,4	61,4
	Alte Alte	45,0	32,6	38,6
	Gesamt	100,0	100,0	100,0

Die Selbsteinstufung der Befragten, sich als „alt" oder „sehr alt" zu bezeichnen, scheint realistisch. Diese Personen befinden sich deutlich über der durchschnittlichen Lebenserwartung, die in der Türkei bei etwa 76 Jahren liegt. Die Befragten haben Freunde, Bekannte, Verwandte sterben sehen müssen, mit denen sie zusammen gealtert sind. Zusätzlich kommt dazu, dass ihre soziale Umwelt ihnen nicht selten andeutet, dass sie „alt", „sehr alt", gar „Greis" geworden sind, z. B. durch Gesten, Worte oder Verhaltensweisen. Auch organische Veränderungen spielen dabei eine Rolle, die das Gefühl des „Alt-Geworden-Seins" hervorrufen.

Einsamkeitsgefühl

Den Befragten wurde folgendes Statement vorgelegt: „Ich fühle mich nicht mehr einsam als früher." Sie sollten darauf mit „ja" oder „nein" reagieren. Knapp mehr als die Hälfte gab an, dass sie sich einsam fühlt. Diesem Ergebnis nach ist Einsamkeit in der Hochaltrigkeit ein weit verbreitetes Problem.

Zwischen Einsamkeitsgefühl und Gesundheitszufriedenheit konnte keine statistisch signifikante Beziehung entdeckt werden. Die subjektive Gesundheitszufriedenheit scheint keine Auswirkung auf das Einsamkeitsgefühl in der Hochaltrigkeit zu haben (χ^2=2.44, df=4, p>0.05). Auch die Kontinuität bzw. Diskontinuität des Erlebens des Organismus scheint keine Wirkung auf das Einsamkeitsgefühl (χ^2=1.51, df=2, p>0.05) zu haben, da auch in dieser Hinsicht keine statistische Signifikanz vorliegt. Nach diesen Ergebnissen scheint das Selbstbild dabei keine Rolle zu spielen (ϕ=0.07, p>0.05). Das bedeutet, für das Gefühl der Einsamkeit stellen die Gesundheit und das Selbstbild keine wesentlichen Quellen dar. Menschen fühlen sich nicht einsam, weil sie krank sind oder weil sie denken, dass sie ein „Greis" sind. Die körperliche

Verfassung und die Selbstwahrnehmung spielen bei dem Einsamkeitsgefühl nach diesen Ergebnissen keine entscheidende Rolle.

Tab. 23 Selbsteinstufung der Befragten zum Einsamkeitsgefühl

	absolut	relativ %
Fühlt sich nicht einsam	224	49,1
Fühlt sich einsam	232	50,9
Gesamt	456	100,0

Eine negative Auswirkung der Einsamkeit zeigt sich in der hohen Korrelation mit dem Veränderungswunsch der eigenen Situation (ϕ=0.16; p<0.001), d. h. das Einsamkeitsgefühl wirkt auf den Veränderungswunsch der hochbetagten Personen. Von den Personen, die angegeben haben sich einsam zu fühlen, wollen rund 78 %, dass sich ihre Lebenssituation ändert. Diese Meinung vertreten die meisten der Personen, die sich nicht einsam fühlen (rund 63 %). Jedoch ist der Veränderungswunsch bei den „Einsamen" deutlich stärker ausgeprägt. Dieser Befund deutet darauf hin, dass eine Quelle des Einsamkeitsgefühls der hochbetagten Personen in der subjektiv wahrgenommenen Lebenssituation liegt. (Tabelle 24).

Tab. 24 Der Zusammenhang zwischen der Lebenssituation und dem Einsamkeitsgefühl

	Nicht einsam N=224	Einsam N=232	Gesamt N=456
Lebenssituation soll sich *nicht* ändern	37,1	22,4	29,6
Lebenssituation soll sich ändern	62,9	77,6	70,4
Gesamt	100,0	100,0	100,0

Die Langeweile

Gerontologische Untersuchungen zeigen: Je älter man wird, desto mehr Zeit verbringt man in der Wohnung. Deswegen ist die Wohnung ein wichtiger Aktivitätsraum für hochbetagte Menschen. Wir haben in unserer Studie drei Fragen gestellt, die mit „Langeweile" verbunden sind:

- Können Sie sich alleine beschäftigen? (Tabelle 25).

- Können Sie allein sein oder brauchen Sie Unterstützung anderer Personen? (Tabelle 26).
- Haben Sie das Gefühl, den ganzen Tag nichts geleistet zu haben? (Tabelle 27).

Wegen des Hausfrauendaseins der hochaltrigen Frauen, das seit ihrer Jugend anhält, haben wir erwartet, dass sie sich zu Hause selbst besser beschäftigen können als die hochaltrigen Männer. Unsere Annahme wurde zumindest statistisch bestätigt. Während rund 24 % der Männer angaben, dass sie sich zu Hause selbst beschäftigen können, waren es bei den Frauen rund 36 % (χ^2=11.27, df=3, p<0.01).

Tab. 25 Sich selbst beschäftigen können

Sich selbst beschäftigen können	Alle	Männer	Frauen
	N=477	N=173	N=304
immer	10,9	9,8	11,5
meistens	20,5	13,9	24,3
nicht besonders gut	38,4	46,8	33,6
eher gar nicht	30,2	29,5	30,6
Gesamt	100,0	100,0	100,0

Sich im Alter mehr zu Hause aufzuhalten, hat an sich mit dem Lebensalter kaum zu tun. Wir nehmen an, dass „sich zurückziehen" in die eigenen vier Wände in der Hochaltrigkeit mit dem eingeschränkten Organismus und einer weitmaschig gewordenen sozialen Umwelt zu tun hat. Wenn Personen früher oft draußen waren und heute mehr Zeit zu Hause verbringen, könnte es auf ihre Psyche negative Auswirkungen haben. Rund 33 % der Befragten gaben an, dass sie „schwerer" bzw. „viel schwerer" als früher zu Hause allein sein können, da sie die Anwesenheit einer Person benötigen (negative Diskontinuität). Lediglich 10 % der Befragten können heute noch „leichter als früher" allein zu Hause sein (positive Diskontinuität). Der Anteil der Personen, die „genauso wie früher" auch heute noch zu Hause allein sein können („gleich leicht") beträgt 35 % (Kontinuität) und rund 22 % der Befragten fällt es heute zu Hause allein zu sein „gleich schwer" wie früher (negative Kontinuität). Etwa ein Fünftel der Befragten konnte also auch früher (als sie 60–70 Jahre alt waren) zu Hause nicht allein sein. Somit stellt für diese Gruppe „allein sein" ein Problem dar, das nicht mit der Hochaltrigkeit erklärt werden kann. Mehr als ein Drittel konnte genauso wie heute auch früher zu Hause allein sein und deswegen stellt allein sein zu müssen für sie kein wesentliches Problem dar.

Dabei wurden zwischen den Geschlechtern signifikante Unterschiede gefunden. Während es für rund 40 % der Frauen – verglichen mit früher – heute „gleich leicht" fällt allein zu Hause zu sein, können nur 28 % der Männer dies bestätigen. Frauen schneiden bei den Kategorien „gleich schwer" (Männer 25 %, Frauen 20 %) und „schwerer als früher" (Männer 26 % Frauen rund 20 %) besser ab als die Männer. Nur in der Kategorie „viel schwerer als früher" befinden sich mehr Frauen (Männer: rund 8 %, Frauen rund 13 %). (χ^2=10.98, df=4, p<0.05).

Nach diesen Befunden leiden Männer mehr als Frauen darunter, wenn sie zu Hause allein sind. Hochaltrige Frauen können sich anscheinend zu Hause selbst besser beschäftigen als gleichaltrige Männer. Daraus sollte man aber nicht schließen, dass die hochbetagten Frauen keine besonderen Maßnahmen bezüglich Aktivitäten brauchen. Allein sein zu können bedeutet nicht, dass man auch allein sein will. Sich zu Hause allein aufhalten zu müssen, bedeutet nicht, dass dies freiwillig geschieht. Obwohl viele der alten Menschen mit ihrer Wohnung zufrieden sind, bedeutet es nicht automatisch, dass sie auch „zu Hause die Zeit totschlagen" wollen.

Tab. 26 Zu Hause allein sein können

Allein zu Hause sein können	Alle	Männer	Frauen
	N=477	N=173	N=304
Leichter als früher	9,6	12,1	8,2
Gleich leicht	35,4	28,3	39,5
Gleich schwer	21,8	25,4	19,7
Schwerer als früher	22,2	26,0	20,1
Viel schwerer als früher	10,9	8,1	12,5
Gesamt	100,0	100,0	100,0

Mehr als die Hälfte der Befragten (etwa 54 %) geben an, dass sie „das Gefühl den ganzen Tag nichts geleistet zu haben" oft bzw. „manchmal" haben (35 % „öfter" und 19 % „manchmal"). Zwischen den Geschlechtern wurde in diesem Zusammenhang kein signifikanter Unterschied gefunden (χ^2=9.12, df=4, p>0.05). Das Gefühl der Langeweile ist bei Frauen also ähnlich wie bei den Männern.

Tab. 27 Das Gefühl nichts geleistet zu haben

Das Gefühl, nichts geleistet zu haben	Alle	Männer	Frauen
	N=477	N=173	N=299
oft	34,0	40,5	34,3
manchmal	19,1	13,3	19,3
kommt darauf an	6,5	5,2	6,6
selten	20,8	20,8	21,0
nie	18,7	20,2	18,9
Gesamt	100,0	100,0	100,0

Um aus diesen Fragen einen „Langeweile-Index" zu kreieren, wurden die Antwort-verteilungen zuerst dichotomisiert (auf zwei Kategorien reduziert) und daraus eine Summenscore berechnet. Dabei wurde folgendermaßen vorgegangen:

- Sich selbst beschäftigen können: „Ja"-Antworten bekamen den Wert 0. Die restlichen Antworten bekamen den Wert 1.
- Zu Hause allein sein können: Antworten mit „leichter" und „gleich" haben den Wert 0 bekommen, restliche Antworten bekamen den Wert 1.
- Das Gefühl, „den ganzen Tag nichts geleistet" zu haben: Antworten mit „oft" bekamen den Wert 1 und restliche Antworten bekamen den Wert 0.

Nach diesen Operationen sehen die Verteilungen wie folgt aus (Tabelle 28): Die meisten der Befragten können „zu Hause allein sein" (ca.67 %), jedoch jeder Dritte sagt, dass er bzw. sie Schwierigkeiten hat „sich alleine zu beschäftigen" (rund 31 %), und jeder Dritte erlebt oft das Gefühl, dass er bzw. sie „den ganzen Tag nichts geleistet hat" (rund 34 %).

Tab. 28 Dichotimisierte Variablen („Selbstbeschäftigung", „zu Hause allein sein können" und „das Gefühl, den ganzen Tag nichts geleistet zu haben")

	Ja		Nein	
Sich selbst beschäftigen können	150	31,4 %	327	68,6 %
Zu Hause allein sein können	319	66,9 %	158	31,3 %
Das Gefühl, nichts geleistet zu haben	162	34,3 %	310	65,7 %

Somit sind wir in der Lage, einen Langeweile-Index zu konstruieren. Dieser Index kann Werte zwischen 0 und 3 annehmen. Je höher dieser Wert ist, desto mehr Langeweile erleben die hochbetagten Personen. Um eine bessere Übersicht zu erhalten, wurde auch hier eine Dichotomisierung vorgenommen. (Tabelle 29)

Tab. 29 Langeweile-Index-Werte

Werte des Langeweile-Indexes	Langeweile-Index-Werte Verteilung		Langeweile-Index-Werte (dichotom)		
	abs.	rel.%	Kategorie	abs.	rel.%
0 = überhaupt keine	66	14,0	Keine Langeweile	285	60,4
1 = eher selten	219	46,4			
2 = eher oft	138	29,2	Langeweile	187	39,6
3 = immer	49	10,4			
Gesamt	472	100,0	Gesamt	472	100,0

Männer langweilen sich signifikant mehr als Frauen. In der Kategorie „Langeweile" befinden sich fast die Hälfte (49 %) der Männer, während der Frauenanteil in derselben Kategorie rund 34 % beträgt (= 0.14, p<0.01).

Vom Gefühl der Langeweile in der Hochaltrigkeit werden Männer mehr betroffen als Frauen. Das kann mit der Sozialisation und dem Berufsleben des Mannes zusammenhängen. Männer sind in früheren Lebensjahren mehr als Frauen „draußen" gewesen. Sie hatten soziale Kontakte zu Arbeitskollegen oder sie haben sich nach der Arbeit mit Freunden in den Kaffeehäusern getroffen. Auch Frauen haben Kontakte mit anderen Frauen. Jedoch haben diese eine andere Qualität als Kontakte der Männer. Während sich Männer trafen, um sich von der Arbeit zu erholen bzw. zu amüsieren (Backgammon, Kartenspiel, Zeitung lesen, etc.), haben sich Frauen eher getroffen, um weitere „Hausarbeiten untereinander aufzuteilen", z. B. gemeinsam Fladenbrot zu backen, gemeinsam zu kochen, gemeinsam Tomatensauce herzustellen. Was man also hier jeweils unter „treffen" versteht, ist etwas völlig anderes. Bei Frauen war das Hausfrauendasein immer präsent und dominierend. Männer hingegen haben sich untereinander über „Gott und Welt" ausgetauscht. Frauen haben sich „während der Hausarbeit" und die Männer „nach getaner Arbeit" getroffen.

Im Prozess des Alterns von „jungen Alten" zu „Hochbetagten" mussten die Männer aber erleben, dass die früheren Kollegen und Freunde immer weniger wurden. Auch mussten sie körperliche Einschränkungen – ebenso wie Frauen – hinnehmen. Jedoch sind die meisten Frauen daran gewöhnt, zu Hause zu bleiben und können mit körperlichen Leiden offensichtlich besser umgehen als Männer. Frauen sind in der Türkei so erzogen, „brav" auf ihre Männer zu Hause zu warten und haben relativ früh in ihrem Leben gelernt, die Langeweile mit Mitteln, die ihnen zur Verfügung standen, zu bewältigen. Dabei darf aber nicht übersehen werden, dass das Hausfrauendasein die Person auch von vielen Verantwortungen befreit, z. B. Geld zu verdienen, um die Familie zu ernähren.

Angstgefühl

Häufig wird angenommen, dass die alten Menschen Angst haben. Obwohl es bislang keine Beweise dafür gibt, glauben zum Beispiel viele Menschen in der Türkei, dass man sich im Alter deswegen mehr mit Religion beschäftigt, weil alte Menschen Angst vor dem Tod bekommen. Um festzustellen, ob eine oft erlebte, nicht erkennbare und begründbare permanente Angst bei Hochbetagten vorhanden ist, wurden acht Fragen gestellt, die von den Befragten mit „richtig" oder „falsch" zu beantworten waren. (Tabelle 30).

Tab. 30 Das permanente Angstgefühl bei hochbetagten Männern und Frauen

	„richtig"	Männer „richtig"		Frauen „richtig"	
	%	Abs.	%	Abs.	%
Leidet unter innerer Spannung (N=472)	31,1	38	22,2	109	36,2
Macht sich über vieles Sorgen (N=476)	29,8	37	21,4	105	34,7
Wacht oft nachts auf (N=472)	29,0	39	22,8	98	32,6
Wüscht sich glücklicher zu sein (N=474)	29,1	34	19,7	104	36,6
Oft unbegründete Sorgen (N=476)	28,2	41	23,7	93	30,7
Hat fast immer Angst (N=474)	28,3	39	22,8	96	31,7
Immer nervös (N=476)	28,5	37	21,4	99	32,7
Das Gefühl, dass Schwierigkeiten sich häufen (N=476)	39,0	77	46,1	109	39,9

Außer bei einer der Fragen zeigen die Antworten signifikante Unterschiede zwischen den Geschlechtern. Frauen leiden mehr als Männer unter einem permanenten Angstgefühl, das aber vielfältige Gründe haben kann (Tabelle 31).

Tab. 31 Signifikanztest des permanenten Angstgefühls bei hochbetagten Männern und Frauen

Das Gefühl, nichts geleistet zu haben	Kendall-Tau	Signifikanz	Erklärung
Leidet unter innerer Spannung	0.15	p<0.001	eher Frauen
Macht sich über vieles Sorgen	0.14	p<0.001	eher Frauen
Wacht oft nachts auf	0.10	p<0.05	eher Frauen
Wüscht sich glücklicher zu sein	0.16	p<0.001	eher Frauen
Oft unbegründete Sorgen	0.06	p>0.05	eher Frauen
Hat fast immer Angst	0.09	p<0.05	eher Frauen
Immer nervös	0.12	p<0.01	eher Frauen
Das Gefühl, dass Schwierigkeiten sich häufen	-0.95	p<0.05	eher Männer

Um die Kontinuitätshypothese zu prüfen, wurde aus diesen Fragen ein „Angstindex" gebildet. Da die Antwort „richtig" mit dem Wert „1" und „falsch" mit „0" kodiert ist, bedeutet dies: je größer der Indexwert ausfällt, desto mehr leidet die jeweilige Person unter Angst. Aus der Abbildung 8 ist zu ersehen, dass relativ wenige Befragte unter permanenter Angst leben. Etwa 23 % der Befragten gaben zu allen Fragen die Antwort „falsch" und etwa 27 % gaben bei sieben von acht Fragen die Antwort „falsch". Dieses Ergebnis deutet darauf hin, dass mindestens 50 % der Hochbetagten gar keine Angst haben.

Wer von acht Fragen mindestens vier mit „richtig" beantwortet hat, wurde von uns als „permanent ängstlich" definiert. Das stellt jedoch lediglich eine intuitive Kategorisierung dar. Nach dieser subjektiven Kategorisierung haben rund 76 % der Befragten keine permanente Angst und rund 24 % erlebt oft Angst. Deren Gründe wurden nicht weiter untersucht. Bei 28 Befragten konnte keine Angaben gemacht werden. Sie wurden aus der Analyse ausgeschlossen.

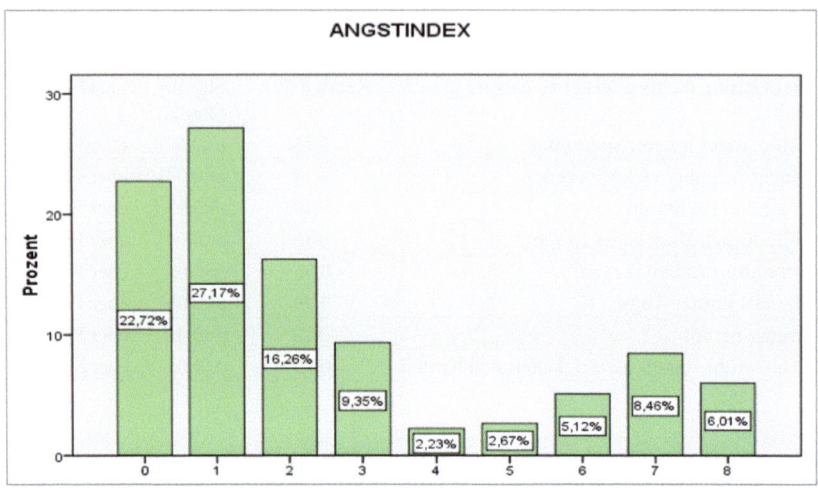

Abb. 8   Angstindex: Er stellt den Summenscore der acht Fragen über Angst dar, der auf
der X-Achse des Diagramms eingetragen ist. Der Wert 0 bedeutet „überhaupt
keine Angst" und der Wert 8 bedeutet „maximale Angst".

Kontinuität der familialen Beziehungen

Auf die Frage „*Spielt die Familie in Ihrem Leben heute eine größere oder kleinere
Rolle?*" gaben 49 % der Befragten an, dass die Familie heute eine „größere Rolle"
(Diskontinuität) in ihrem Leben spielt, während 40 % die „gleiche Rolle" (Kontinuität)
der Familie zuordnet. 11 % der Befragten meinen, dass der Familie im Vergleich
zu früher heute eine „geringere Rolle" (Diskontinuität) in ihrem Leben zukommt.
Dabei zeichnen sich keinen signifikanten Unterschied zwischen den Geschlechtern
ab (χ^2=1.69, df=2, p>0.05). Damit steht fest, dass die Familie mit der Zeit eine immer
größere Rolle im Leben der Hochbetagten bekommen hat. Allerdings ist für jeden
Zehnten der Befragten die Familie eher in den Hintergrund getreten. Die Gründe
für diese Diskontinuität können vielfältig sein (Tabelle 32).

Tab. 32 Kontinuität der familialen Beziehungen

Kontakt zur Familie heute im Vergleich zu früher	Gesamt		Männer		Frauen	
	absolut	relativ %	absolut	relativ %	absolut	relativ %
geringere Rolle	53	11,1	19	11,0	34	11,2
gleiche Rolle	191	40,0	63	36,4	128	42,1
größere Rolle	233	48,8	91	52,6	142	46,7
Gesamt	477	100,0	173	100,0	304	100,0

Kontinuität des Umfangs der sozialen Beziehungen

Auf die Frage *„Haben Sie heute mehr oder weniger Kontakt mit Nachbarn und Freunden?"* haben rund 78 % der Befragten mit „viel weniger" bzw. „weniger" geantwortet. Der Umfang der Sozialkontakte außerhalb der Familie hat sich also reduziert (Diskontinuität). Dabei wurde kein signifikanter Unterschied zwischen Männern und Frauen gefunden (χ^2=2.66, df=3, p>0.05). Etwa 15 % der Befragten gaben an, dass sie außerfamiliale Kontakte aufrechterhalten konnten, d. h. nur wenige konnte eine Kontinuität in diesem Zusammenhang erleben (Tabelle 33).

Tab. 33 Der Umfang der außerfamilialen sozialen Kontakte

Kontakt zu Nachbarn und Freunden heute im Vergleich zu früher	Gesamt		Männer		Frauen	
	absolut	relativ %	absolut	relativ %	absolut	relativ %
viel weniger	197	41,3	67	38,7	130	42,8
weniger	173	36,3	64	37,0	109	35,9
gleich	71	14,9	31	17,9	40	13,2
mehr	36	7,5	11	6,4	25	8,2
Gesamt	477	100,0	173	100,0	304	100,0

Verlust einer nahestehenden Person

In der Hochaltrigkeit werden soziale Beziehungen oft durch den Tod eines oder mehrerer nahestehender Menschen abrupt beendet. Auf die Frage *„Haben Sie in den letzten Jahren einen Menschen, der Ihnen nahestand, durch den Tod verloren?"* antworteten rund 89 % mit „ja" (Männer: 89 % und Frauen: 90 %) (Tabelle 34). In dieser Hinsicht besteht kein signifikanter Unterschied zwischen den Geschlechtern (ϕ=0.04, p>0.05).

Tab. 34 Verlust der sozialen Beziehungen durch den Tod eines nahstehenden Menschen

Verlust sozialer Beziehungen durch den Verlust der nahestehenden Personen	Gesamt		Männer		Frauen	
	N	%	N	%	N	%
Ja	426	89,3	152	87,9	274	90,1
Nein	51	10,7	21	12,1	30	9,9
Gesamt	477	100,0	173	100,0	304	100,0

Wer die verstorbene Person(en) war(en), wurde ebenfalls gefragt. Etwa 65 % der Männer und 69 % der Frauen gaben an, dass diese Person der Ehepartner bzw. Ehepartnerin gewesen ist. An zweiter Stelle wird der Verlust der Geschwister genannt (24 % der Männer, 25 % der Frauen). Der Rest durch den Tod verlorener sozialer Beziehungen verteilt sich zwischen Verwandten, Kindern und sonstigen Personen (Tabelle 35). Auch hier besteht kein signifikanter Unterschied zwischen den Geschlechtern ($\phi = 0.07$, $p > 0.05$).

Tab. 35 Identität der nahestehenden verstorbenen Person

Verstorbene Person	Gesamt		Männer		Frauen	
	N	%	N	%	N	%
Ehepartner	278	65,1	106	69,3	172	62,8
Schwester/Bruder	103	24,1	35	22,9	68	24,8
Sohn/Tochter	8	1,9	1	,7	7	2,6
Verwandte	17	4,0	8	5,2	9	3,3
Sonstige	21	4,9	3	2,0	18	6,6
Gesamt	427	100,0	153	100,0	274	100,0

Kontinuität der Aktivitäten

Der Aktivitätsumfang und die Aktivitätsstruktur der Personen wurden durch Fragen über acht Bereiche festgestellt. Die Befragten wurden gebeten, die Aktivitäten in den verschiedenen Bereichen mit einem „früher-heute" zu vergleichen und das Ergebnis dieses Vergleichs mit Antworten „genauso", „seltener" oder „häufiger" mitzuteilen (Tabelle 36). Die größten Diskontinuitäten scheinen in den Bereichen „spazieren gehen", „Verwandte besuchen", „Nachbarn besuchen", „sich mit Hobbys beschäftigen", „außerhalb des Hauses essen" und „sich mit Freunden treffen" entstanden zu sein. Bei „religiösen" Aktivitäten und „seinen Gedanken nachgehen" hat sich eine deutliche Verstärkung entwickelt.

Tab. 36 Umfang der Freizeitaktivitäten

Freizeitaktivitätsumfang heute im Vergleich zu früher	genauso oft	seltener	häufiger
Radio, Fernsehen	35,0	46,8	18,2
Spazieren gehen	6,9	84,3	8,8
Verwandte besuchen	14,9	82,2	2,9
Religiöse Aktivitäten	33,8	25,8	40,5
Nachbarn besuchen	7,1	90,4	2,5
Hobbys	8,0	92,0	.
Gaststätten, Kaffeehäuser besuchen	5,2	94,8	.
Seinen Gedanken nachgehen	11,7	19,3	69,0

Kontinuität des Wohnorts

Von den 477 Befragten sind 286 (60 %) in Nazilli geboren und haben immer hier gelebt. Etwa 20 % (95 Personen) leben seit mehr als 30 Jahren und gleich so viele (96 Personen) seit 21 bis 30 Jahren in Nazilli. Das heißt, sie kennen die Stadt, ihre Kultur, die Gewohnheiten usw. Ihr Leben hat sozusagen hier „Wurzeln geschlagen". Sie haben ihre Kinder hier erzogen, Freundschaften und Nachbarschaften geknüpft. Und sie haben sie hier auch unter Umständen verloren. Das sollte man im Hinterkopf haben, während wir unten unsere Befunde zum „Wohnort" mitteilen.

Wohnung: Eigentum oder Miete?

Auf die Frage „*Sind sie Mieter oder Eigentümer?*" haben 21 % der Befragten „im eigenen Haus" geantwortet, wobei „Haus" hier ein sehr weit gefasster Begriff ist. Es kann „Gecekondu" (in Armenvierteln oft illegale Bauten) sein, es kann ein Einfamilienhaus oder Appartement sein. Rund 18 % wohnen in einer eigenen Wohnung. 31 % sind Mieter, und 30 % wohnen in der Wohnung ihrer Kinder, wobei diese eine Mietwohnung oder eine Eigentumswohnung sein kann.

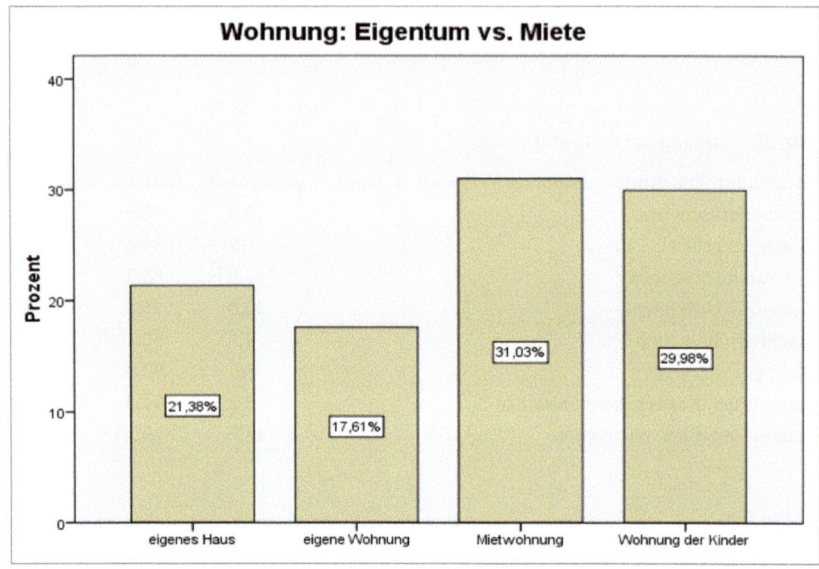

Abb. 9 Wohnverhältnisse der Befragten

Die Struktur des Haushalts

Die strukturelle Zusammensetzung des Haushalts wurde mit der Frage *„Wohnen Sie allein?"* festgestellt. Etwa 31 % wohnen „allein". Der Rest wohnt entweder mit „Ehepartner" (22 %) oder „Ehepartner und erwachsenen Kindern" (10 %) oder „erwachsenen Kindern" zusammen. Diese Ergebnisse deuten darauf hin, dass das *Alleinleben* im hohen Alter in der heutigen türkischen Gesellschaft keine gering verbreitete Lebensform geworden ist.

Tab. 37 Die Struktur des Haushalts

Haushaltsstruktur	Verheiratet		Verwitwet		Gesamt	
allein	.	.	155	48,1	155	32,5
mit Ehepartner	84	54,2	.	.	84	17,6
mit Kindern	.	.	141	43,8	141	29,6
mit Ehepartner und Kindern	66	42,6	.	.	66	13,8
sonstige	5	3,2	26	8,1	31	6,5
Gesamt	155	100,0	322	100,0	477	100,0

Von den Befragten leben rund 33 % allein. Von verheirateten Personen leben mehr als die Hälfte (54 %) mit Ehepartner im 2-Personen- Haushalt. Jedoch leben etwa 43 % der Verheirateten mit ihren Kindern zusammen. Etwa 3 % leben in „sonstigen" Haushaltsstrukturen. Diese in Tabelle 37 zusammengestellten Ergebnisse lassen vermuten, dass die Haushaltsstrukturen nicht nur Solidaritätspotentiale, sondern auch Konfliktpotentiale in sich tragen können.

Die dargestellten Haushaltskonstellationen können vielfältige Haushaltsstrukturen und vielfältige Formen des Zusammenlebens der Generationen hervorbringen (Tabelle 38). Einige Beispiele: Betrachten wir zunächst die „allein" lebenden. Wir haben festgestellt, dass die finanzielle Abhängigkeit hochaltriger Menschen als nicht gering einzuschätzen ist. Deswegen man kann sich vorstellen, dass „allein leben" nicht unbedingt „unabhängig leben" heißen muss. Auch „mit Ehepartner" zu leben muss nicht heißen, dass Personen im hohen Alter ihre Unabhängigkeit genießen. Eher nehmen wir an, dass auch hier mehrere Abhängigkeiten entstanden sind. Obwohl viele hochbetagte Menschen getrennt von ihren Kindern leben, ist zu vermuten, dass sich ihre Kinder öfter in ihr Leben einmischen, als diesen lieb ist. Solche Kontakte können auch einige Vorteile für die Kinder bringen, nämlich dann, wenn sie nicht nur ihren Eltern „geben", sondern auch von ihren Eltern „nehmen". Man muss auch bedenken, dass die „Kinder" keine jungen Menschen mehr sind, sondern selbst schon einige Jahre auf ihren Schultern tragen. Diese Konstellationen bringen oft keine echte Trennung der Haushalte mit sich, obwohl sie in getrennten Wohnungen leben.

„Mit Kindern" unter einem Dach zu leben, muss nicht heißen, dass man „zusammenlebt". Einer Haushaltsstruktur anzugehören, kann trotzdem „getrennt leben" heißen, wenn Kinder sich nicht um ihre hochbetagten Eltern kümmern und ihnen lediglich „ein Dach über dem Kopf" anbieten. Diese Situation kann sich weiter verschärfen, wenn „Ehepartner mit Kindern" in einer Wohnung leben und die Wohnung dazu ungeeignet ist, z. B. wenig Raum zur Verfügung steht. Diese Beispiele deuten an, dass die Struktur des Haushalts auch ein Indiz für soziopsychische Probleme zwischen den Haushaltsmitgliedern sein kann.

Fast die Hälfte (48 %) der Verwitweten lebt allein und 44 % mit ihren Kindern zusammen. Auch hier sind unterschiedliche Konstellationen der Haushaltstruktur denkbar. Schließlich leben etwa 8 % in einer „sonstigen" Haushaltsstruktur (Tabelle 37). Zusätzlich wurden über die allein gelebte Zeit Daten erhoben. Zwischen Männer und Frauen wurde dabei kein signifikanter Unterschied festgestellt (χ^2=9.16; df=8; p>0.05). Mehr als die Hälfte (49 %) der Befragten lebt seit mehr als sieben Jahre allein (Tabelle 38).

Tab. 38 Allein gelebte Jahre

Allein gelebte Jahre	Gesamt		Männer		Frauen	
	N	%	N	%	N	%
1 bis 3 Jahre	54	34,8	22	34,9	32	35,2
4 bis 6 Jahre	52	33,5	26	41,3	25	27,5
7 und mehr Jahre	49	31,6	15	23,8	34	37,4
Gesamt	155	100,0	63	100,0	91	100,0

Zufriedenheit mit den Wohnverhältnissen

Oben wurde festgestellt, dass hochbetagte Menschen in unterschiedlichen Haushaltsstrukturen leben, und als Vermutung wurde auch darauf aufmerksam gemacht, dass diese Haushaltsstrukturen in sich gleichzeitig Solidaritäts- und Konfliktpotentiale enthalten können, wobei über die vermutete Solidarität- und Konfliktpotentiale in den Haushaltsstrukturen keine Daten erhoben wurden.

Die Haushaltstrukturen können sich auf die Wohnzufriedenheit der Personen in unterschiedlicher Weise auswirken. Die Kontinuität bzw. Diskontinuität der Wohnzufriedenheit wurde mit folgender Frage festgestellt: „Verglichen mit früher, wie zufrieden sind Sie heute mit Ihren Wohnverhältnissen?". Männer und Frauen (Tabelle 39) gaben auf diese Frage signifikant unterschiedliche Antworten.

Aus der Tabelle 39 ist zu erkennen, dass bei Frauen die Kontinuität deutlich geringer ist als bei Männern (Männer: ca. 59 % und Frauen: ca. 24 %). Jedoch geben ca. 31 % der Frauen und ca. 10 % der Männer an, dass sie heute – verglichen mit früher – zufriedener mit ihren Wohnverhältnissen sind. Das deutet zwar darauf hin, dass die Frauen mit ihren Wohnverhältnissen zufriedener sind, jedoch haben bei den Unzufriedenen die Frauen signifikant höhere Anteile (Männer 32 % und Frauen 44 %). Damit stellt sich heraus, dass die Frauen bei positiven und negativen Diskontinuitäten bezüglich der Wohnverhältnisse mehr betroffen sind als die Männer (χ^2=62.49; df=4; p<0.001).

Tab. 39 Zufriedenheit mit den Wohnverhältnissen bei Männern und Frauen

Zufriedenheit mit den Wohnverhältnissen	Gesamt		Männer		Frauen	
	N	%	N	%	N	%
viel unzufriedener als früher	44	9,2	8	4,6	36	11,8
eher unzufriedener als früher	147	30,8	48	27,7	99	32,6
genauso wie früher	174	36,5	100	57,8	74	24,3
eher zufriedener als früher	56	11,7	9	5,2	47	15,5
viel zufriedener als früher	56	11,7	8	4,6	48	15,8
Gesamt	477	100,0	173	100,0 %	304	100,0

Auch die Haushaltsstruktur wirkt sich auf die Wohnzufriedenheit signifikant aus (Tabelle 40). Die größte Kontinuität ist bei den Konstellationen „Lebt mit Ehepartner" und „Lebt mit Ehepartner und Kindern" zu konstatieren. Während von den mit ihrem Partner lebenden Personen ca. 26 % mit ihren heutigen Wohnverhältnissen unzufrieden sind, sind es bei den mit Ehepartner und Kindern zusammenlebenden Personen 44 %. Nur die unter der Kategorie „Sonstige" erfassten Personen sind mit ca. 45 % mehr als alle anderen unzufrieden. Dagegen sind in der Kategorie „lebt mit Ehepartner und Kindern" lediglich 7,6 % viel unzufriedener als früher ($\chi^2=43.89$; df=16; p<0.001).

Tab. 40 Zufriedenheit mit den Wohnverhältnissen bei verschiedenen Haushaltsstrukturen

Zufriedenheit mit den Wohnverhältnissen heute im Vergleich zu früher	Lebt allein N=155	mit Ehepartner N=84	mit Kindern N=141	mit Ehepartner und Kinder N=66	Sonstige N=31	Gesamt N=477
viel unzufriedener	11,6	7,1	7,1	7,6	16,1	9,2
eher unzufriedener	32,9	19,0	33,3	36,4	29,0	30,8
genauso wie früher	23,9	52,4	35,5	48,5	35,5	36,5
eher zufriedener	13,5	8,3	15,6	1,5	16,1	11,7
viel zufriedener	18,1	13,1	8,5	6,1	3,2	11,7
Gesamt	100,0	100,0	100,0	100,0	100,0	100,0

Somit stellt sich heraus, dass die Personen, die mit ihrem Ehepartner in der eigenen Wohnung (getrennt von ihren Kindern) leben, mit ihren Wohnverhältnissen zufriedener sind als alle anderen Personen bezüglich der betrachteten Haushaltstrukturen.

Um das Gesamtbild zu erfassen, wurden die Kategorien reduziert. Dabei wurden die Kategorien „viel unzufriedener " und „eher unzufriedener" unter dem Begriff „UNZUFRIEDEN" und die Kategorien „eher zufriedener" und „viel zufriedener" unter dem Begriff „ZUFRIEDEN" zusammengefasst. Die Kategorie „genauso wie früher" wurde mit dem Begriff „GLEICH" belegt. Auch Haushaltstrukturen wurden zusammengefasst: „Allein Lebende" heißen jetzt „ALLEIN" und „mit Ehepartner zusammenlebende" „MIT PARTNER", und die restlichen Haushaltsstrukturen werden „GEMISCHT" genannt.

Zeilenweise Betrachtung (Tabelle 41): Es sticht ins Auge, dass die unzufriedensten Personen in den Haushaltsstrukturen leben, die GEMISCHT genannt wurden. Dagegen leben die zufriedensten ALLEIN. Die größte Kontinuität ist bei denen festzustellen, die in GEMISCHTEN Haushaltsstrukturen leben, und die geringste Kontinuität bei den ALLEIN lebenden.

Spaltenweise Betrachtung (Tabelle 42): Von ALLEIN lebenden Personen sind 44,5 % und in GEMISCHT-Haushaltsstrukturen lebenden Personen 42 % unzufriedener als früher. Bei 52 % der Personen, die MIT PARTNER und 39 % der Personen, die in GEMISCHT-Haushalten leben, ist verglichen mit früher die Zufriedenheit „gleich" geblieben. Fast 32 % der ALLEIN lebenden sind heute zufriedener als früher.

Für diese Befunde sind unterschiedliche Gründe, die von komplexer Verflechtung der Lebensverhältnisse hervorgebracht werden, denkbar. Wir verzichten an dieser Stelle auf eine weitere Interpretation, da keine tiefergehenden Untersuchungen angestellt wurden. Vorerst kann jede denkbare „Spekulation" als möglicher Grund erscheinen. Aber gerade deswegen sollten in einer Anschlussuntersuchung die tatsächlichen Gründe untersucht werden.

Tab. 41 Zufriedenheit mit Wohnverhältnissen bezüglich Zufriedenheitsgrad

	Allein N=155	Mit Partner N=84	Gemischt N=238	Gesamt N=477
Unzufrieden	36,1	11,5	52,4	100,0
Gleich	21,3	25,3	53,4	100,0
Zufrieden	43,8	16,1	40,2	100,0
Gesamt	32,5	17,6	49,9	100,0

Tab. 42 Zufriedenheit mit Wohnverhältnissen bezüglich Haushaltstruktur

	Allein N=155	Mit Partner N=84	Gemischt N=238	Gesamt N=477
Unzufrieden	44,5	26,2	42,0	40,0
Gleich	23,9	52,4	39,1	36,5
Zufrieden	31,6	21,4	18,9	23,5
Gesamt	100,0	100,0	100,0	100,0
N	155	84	238	477

Schichtzugehörigkeit

Da die Einkommensverhältnisse weitgehend im Dunkeln bleiben, wird eine andere Möglichkeit gewählt, um die finanzielle Situation der hochbetagten Personen einigermaßen festzustellen. Die Befragten wurden gebeten, sich selbst in die vorgegebenen Kategorien der sozialen Schichten einzuordnen. Die von den Befragten selbst gewählte Schichtzugehörigkeit wurde dann als Indiz für die Einkommensverhältnisse interpretiert.

Dadurch wissen wir zwar nicht, ob diese Schichtzugehörigkeit auf das Einkommen zurückgeführt werden kann, aber zumindest haben wir einen Anhaltspunkt zur allgemeinen finanziellen Lage dieser Personen. Gemäß der selbstdefinierten Schichtzugehörigkeit (Tabelle 43) gehört fast die Hälfte der Unterschicht an, wobei jede soziale Schicht in eine „obere" und „untere" aufgeteilt worden ist. Während sich rund 15 % der Frauen in die „untere Unterschicht" einordnen, wählten diese Kategorie 18 % der Männer. Zur oberen Unterschicht zählen sich 35 % der Frauen, dagegen 39 % der Männer. Somit stellt sich heraus, dass 49 % der Frauen und 57 % der Männer in ärmeren Verhältnissen leben. Zur Mittelschicht zählen sich 47 % der Frauen und 40 % der Männer. Jedoch haben sich die meisten der Frauen und Männer in die „untere Mittelschicht" eingeordnet. Die Oberschicht wurde lediglich von rund 3 % der Frauen und 3 % der Männer gewählt. Wenn die selbst gewählte Schichtzugehörigkeit als Indiz für die Einkommensverhältnisse akzeptiert wird, dann hat die Hälfte der Befragten nur geringe finanzielle Möglichkeiten.

Tab. 43 Geschätzte Schichtzugehörigkeit

Sichtzugehörigkeit (von Befragten selbst angegeben)	Männer		Frauen	
	abs.	rel.	abs.	rel.
Obere Oberschicht	1	0,7	2	0,7
Untere Oberschicht	4	2,3	6	1,9
Obere Mittelschicht	12	6,9	14	4,6
Untere Mittelschicht	58	33,5	129	42,4
Obere Unterschicht	67	38,7	106	34,9
Untere Unterschicht	31	17,9	44	14,5
keine Angabe	-	-	3	1,0
Gesamt	173	100,0	304	100,0

Alltagsaktivitäten

Unter dem Begriff Alltagsaktivitäten werden hier zehn Arten von Aktivitäten verstanden, von denen angenommen wird, dass sie im Leben der Befragten öfters vorkommen. Die Antwortalternative *„trifft bei mir nicht zu"* kann helfen, eine Vorstellung von Geschlechtsrollen zu bekommen. Zuerst sollen die Alltagsaktivitäten betrachtet werden (Tabelle 44).

Dabei fällt auf, dass die Antwortkategorie „NIE" bei allen Alltagsaktivitäten höher ausfällt (Abbildung 10). Das ist ein Anhaltspunkt dafür, dass bei den Alltagsaktivitäten eine Einschränkung (Diskontinuität) entstanden sein könnte. Außer bei den Aktivitäten „Bügeln" und „Gartenarbeit" bestehen zwischen den Geschlechtern signifikante Unterschiede. Woher jedoch diese Unterschiede kommen, können wir nicht sagen. Der naheliegende Gedanke ist, dass sie eventuell mit Geschlechtsrollen zusammenhängen. Um darauf eine bessere Antwort zu geben, haben wir die Angabe *„nichtzutreffend"* näher untersucht. Aus der Tabelle 44 ist zu ersehen, dass bei den Antworten „trifft bei mir nicht zu" die klassischen Männer- und Frauenrollen als Begründung dienen. Dies kann man mit Vorsicht als „Erleben der Geschlechtsrollen in der Hochaltrigkeit" bezeichnen.

Tab. 44 Ableitung der Geschlechtsrollen aus den „bei mir trifft nicht zu"-Antworten der Befragten

Antwort: „bei mir trifft nicht zu"	Männer		Frauen	
	N	%	N	%
Putzen	80	46,2	.	.
Aufräumen	36	20,8	4	1,3
Mülleimer leeren	.	.	125	41,1
Einkaufen	.	.	28	9,2
Tisch aufräumen	60	34,7	3	1,0
Spülen/Abtrocknen	60	34,7	.	.
Waschen	60	34,7	.	.
Bügeln	60	34,7	.	.
Gartenarbeit	117	67,6	188	61,8
Kleine Reparaturen	.	.	208	68,4

Die traditionellen Geschlechterrollen zeigen sich, indem z. B. „putzen" als Frauentätigkeit und „Mülleimer leeren" oder „einkaufen" eher als Männertätigkeit genannt werden. Bei dieser Bewertung sollte auf die türkische Kultur und Generationenzugehörigkeit der Befragten geachtet werden. Man kann aus der Tabelle erkennen, dass alle Frauen „putzen", spülen", „waschen", bügeln" und „Tisch aufräumen" als täglichen Aktivitäten angeben, während Männer „Mülleimer leeren", „einkaufen" und „kleine Reparaturen" als tägliche Aktivitäten betrachten. Dabei ist unerheblich, ob sie körperlich in der Lage sind, diese Tätigkeiten tatsächlich auszuüben.

Ebenfalls ist zu erkennen. dass einige als Frauentätigkeiten deklarierte Aktivitäten auch von Männern übernommen werden. Z. B. geben etwa 54 % der Männer an, dass sich „putzen" unter ihren Alltagtätigkeiten befindet. Andererseits kann das, was als Männeraktivität deklariert ist, auch von Frauen ausgeübt werden So geben z. B. 59 % der Frauen an, dass „Mülleimer leeren" eine der Alltagstätigkeiten ist, die sie ausüben. Unsere Ergebnisse deuten darauf hin, dass waschen, bügeln, spülen für die meisten der hochbetagten Männer keine bloße „Frauentätigkeiten" sind – vielleicht, weil sie allein leben und niemand anderer diese Tätigkeiten für sie übernimmt. Bei acht von zehn der betrachteten Tätigkeiten zeigen die Befragten einen nach Geschlecht signifikanten Unterschied. Bei diesen Antworten könnten traditionelle Geschlechterrollen eine wichtige Grundlage gewesen sein.

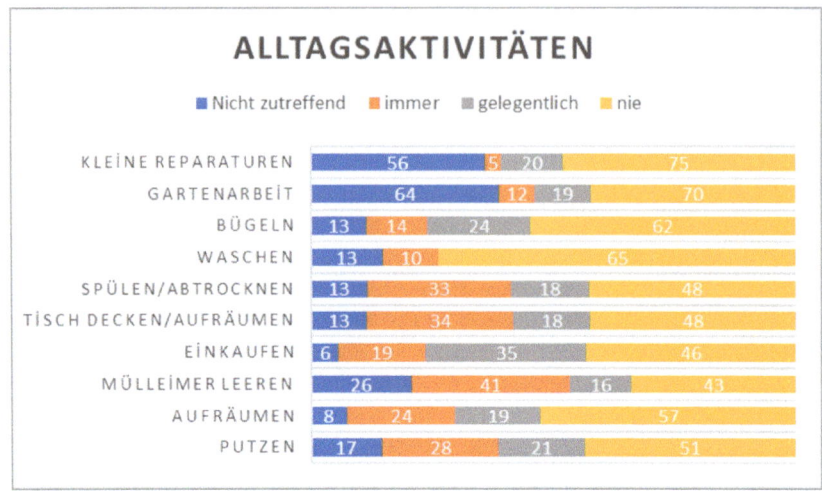

Abb. 10 Alltagsaktivitäten

Allgemeine Lebenszufriedenheit

Mit 12 Statements wurde die derzeitige Lebenszufriedenheit der Befragten erfasst. Auf deren allgemeine Lebenszufriedenheit zielte zusätzlich die Frage ab: *„Wie zufrieden sind sie alles in allem heute mit Ihrem Leben?"*

Die Antworten auf die Statements und die Frage zur allgemeinen Lebenszufriedenheit wurden in Korrelation gesetzt. Es zeigte sich, dass einige Items mit den meisten Items der Lebenszufriedenheitsskala hoch korrelieren. Auch nach der Dichotomisierung der Lebenszufriedenheitsskala wurde – wie erwartet – eine hohe Korrelation festgestellt (r=0,41; p<0,001).

Bei den Items mit den Inhalten „beste Zeit des Lebens", „könnte besser sein", „Ziele nicht erreicht" und „Ziele erreicht" konnte kein signifikantes Ergebnis festgestellt werden. Auch beim Lebensalter hat sich keine signifikante Korrelation mit „Variablen" ergeben, was nicht heißen soll, dass dieser Zusammenhang nicht besteht. Es könnte durchaus das Lebensalter bei den Antworten eine wesentliche Rolle gespielt haben. Jedoch gehören hier alle Befragten derselben Generation an. Wahrscheinlich konnte sich deswegen das Lebensalter bei Signifikanztest nicht „durchsetzen".

Tab. 45 Antwortverteilung der Lebenszufriedenheit

Statement	Richtig %	Falsch %	Korrelation (Kendall-Tau)
Besser verstehen	36,3	63,7	0,19; p<0,001
Schlimmste Zeit	50,7	49,3	0,27; p<0,001
Glücklich wie früher	33,3	66,7	0,10; p<0,05
Beste Zeit	15,1	84,9	Keine
Könnte besser sein	81,8	18,2	Keine
Langeweile	51,2	48,8	0,22; p<0,001
Hoffnung	17,8	82,2	0,24; p<0,001
Schweres Schicksal	30,6	69,4	0,27; p<0,001
Zukunftspläne	23,9	76,1	0,20; p<0,001
Ziele nicht erreicht	40,7	59,3	Keine
Schlimm dran	32,3	67,7	0,25; p<0,001
Ziele erreicht	70,0	30,0	keine

Die Items „beste Zeit", „Hoffnung" und „Zukunftspläne" fallen mit hohen prozentualen Werten bei der Antwortkategorie „falsch" auf. Die meisten der Befragten glauben, dass die Hochaltrigkeit als Lebensphase nicht ihre beste Zeit ist, sie haben kaum Hoffnung, dass sich dies ändern könnte, und sie hegen kaum Zukunftspläne.

„Erfolgreiches Altern"

Oben haben wir einzelne Dimensionen untersucht und einige Zusammenhänge zwischen den Geschlechtern festgestellt. Daraus haben wir jedoch nicht die Frage des „erfolgreichen Alterns" beantwortet. Nach der Definition, die am Anfang gegeben wurde, ist „erfolgreiches Altern" mit dem Konstrukt LEBENSZUFRIEDENHEIT verbunden. Dieser Definition nach ist „erfolgreiches Altern" ein Konstrukt, das von Organismus, Psyche sowie der sozialen und physischen Umwelt bestimmt wird. In diesen Dimensionen erlebte Kontinuitäten bzw. positive Diskontinuitäten wurden als „erfolgreiches Altern" definiert. Somit ist Lebenszufriedenheit bzw. „erfolgreiches Altern" in der Hochaltrigkeit ein Geflecht aus diesen Determinanten. Dabei liegt der Gedanke nahe, aus den Indikatoren dieser Determinanten jeweils einen Index zu bilden und deren Auswirkungen bezüglich der Kontinuität zu untersuchen. Dabei nehmen wir an, dass sich Kontinuität und positive Diskontinuität auf die Lebenszufriedenheit positiv auswirkt.

Gesundheitsindex

Der Gesundheitsindex wurde in drei Schritten als dichotome Variable kreiert. Zunächst sind die Variablen „subjektive Gesundheit", „Inkontinenz", „Körperpflege", „Mobilität", „An- und Ausziehen" und „Treppensteigen" dichotomisiert worden. Im zweiten Schritt wurde aus diesen ein Gesamtindex als Summe ihrer Werte gebildet, und im letzten Schritt wurde der Gesamtindex dichotomisiert. Dabei wurden positive Diskontinuität und Kontinuität als „Kontinuität", der Rest als „Diskontinuität" definiert.

Hinter dieser Vorgehensweise steht die Annahme, dass der Index als Ganzes einen besseren Indikator für den Gesundheitszustand darstellt als die einzelnen Variablen. Der Gesundheitsindex beinhaltet sowohl subjektive Gesundheit als auch objektive funktionale Einschränkungen. Nach diesem Gesamtindex (Tabelle 46) haben rund 42 % der hochbetagten Menschen ihre Gesundheit weitgehend als Kontinuität erlebt, dagegen rund 58 % als Diskontinuität. Dabei wurde kein signifikanter Unterschied zwischen Männern und Frauen entdeckt (ϕ=0.07, p>0.05).

Tab. 46 Der Gesundheitsindex

Gesundheitsindex	Gesamt		Männer		Frauen	
	abs.	rel. %	abs.	rel. %	abs.	rel. %
Diskontinuität	235	57,6	93	53,8	142	60,4
Kontinuität	173	42,4	80	46,2	93	39,6
Gesamt	408	100,0	173	100,0	235	100,0

Psyche-Index

Von den Variablen „Angstgefühl", „sich allein beschäftigen können", „allein sein können", „das Gefühl, den ganzen Tag nichts geleistet zu haben" und „das Gefühl der Langeweile" wurde ein Gesamtindex als Summe der Werte gebildet und danach dieser Index dichotomisiert.

Dabei wird als Kontinuität der Psyche angenommen, wenn von fünf Variablen maximal zwei als Diskontinuität erlebt werden; d.h. wer gar keine, nur in einem Bereich oder nur in zwei Bereichen Diskontinuität erlebt hat, wird in der Dichotomisierung der Kategorie „Kontinuität" zugeordnet, der Rest der Kategorie „Diskontinuität". Nach diesem Index (Tabelle 47) haben rund 60 % eine Kontinuität und 40 % eine Diskontinuität erlebt. Hier jedoch besteht zwischen den Geschlechtern ein signifikanter Unterschied. Frauen haben im Bereich der Psyche deutlich mehr Kontinuität als Männer erlebt (ϕ=0.14, p≤0.003).

Tab. 47 Der Psyche-Index

Psyche-Index	Gesamt		Männer		Frauen	
	abs.	rel. %	abs.	rel. %	abs.	rel. %
Diskontinuität	179	40,2	80	49,4	99	35,0
Kontinuität	266	59,8	82	50,6	184	65,0
Gesamt	445	100,0	162	100,0	283	100,0

Selbstbild-Index

Aus den einzelnen Fragen zur Selbstwahrnehmung wurde ein dichotomisierter Selbstbild-Index gebildet (Tabelle 48). Danach sehen sich 62 % der Befragten als „alte Alte" und 38 % als „Alte" an. Die erste Bezeichnung deutet auf Kontinuität, die zweite auf Diskontinuität hin, da die Personen alle über 80 Jahre alt sind. Wir nehmen an, dass sich in diesem Lebensalter niemand ganz allgemein als noch „nicht alt" definiert – und das Zeitintervall, sich als „alt" zu definieren, dürfte vermutlich nicht kurz gewesen sein. Wenn sich also eine Person als „alte Alte" definiert, dann nehmen wir an, dass sie noch einen Schritt in Richtung des „Alt-seins" gemacht hat. Aus dieser Sicht heißt es, dass sie in der Lebensphase „Alter" eine Diskontinuität erlebt hat. In der Selbstwahrnehmung besteht zwischen Männern und Frauen ein signifikanter Unterschied. Frauen erleben mehr Kontinuität als Männer (ϕ=0.16, p≤0.001).

Tab. 48 Der Selbstbild-Index

Selbstbild-Index	Gesamt		Männer		Frauen	
	abs.	rel. %	abs.	rel. %	abs.	rel. %
Bezeichnung „alte Alte" als Diskontinuität	179	38,2	48	28,1	131	38,2
Bezeichnung „Alte" als Kontinuität	290	61,8	123	71,9	167	61,8
Gesamt	469	100,0	171	100,0	298	100,0

Beziehungsindex

Aus den Variablen „Kontakt mit Nachbarn", „die Rolle der Familie heute", „Verlust der nahestehenden Person" wurde der Beziehungsindex gebildet (Tabelle 49). Zuerst wurden diese Variablen dichotomisiert, danach deren Summe als Beziehungsindex gebildet und zum Schluss auch dieser dichotomisiert. Danach haben rund 70 % der Befragten eine Diskontinuität und 30 % Kontinuität erlebt. Zwischen den Geschlechtern wurde dahingehend kein signifikanter Unterschied gefunden (ϕ=0.03, p>0.05).

Tab. 49 Der Beziehungsindex

Beziehungsindex	Gesamt		Männer		Frauen	
	abs.	rel. %	abs.	rel. %	abs.	rel. %
Diskontinuität	336	70,4	119	68,8	217	70,4
Kontinuität	141	29,6	54	31,2	87	29,6
Gesamt	477	100,0	173	100,0	304	100,0

Tab. 50 Korrelationstest des allgemeinen Lebenszufriedenheitsindexes mit den anderen Indexen

	Psyche-Index	Beziehungsindex	Selbstbild	ALZ[*)
Gesundheitsindex	-0.01	0.10*	0.40**	0.05
Psyche-Index		0.06	-0.01	0.27**
Beziehungsindex			0.02	0.38**
Selbstbild				0.06

*) Allgemeiner Lebenszufriedenheitsindex

Um einen Korrelationstest zwischen den Index-Werten und dem allgemeinen Lebenszufriedenheitsindex durchführen zu können, wurde der allgemeine Lebenszufriedenheitsindex dichotomisiert. Der Korrelationstest hat ergeben, dass die allgemeine Lebenszufriedenheit mit Beziehungsindex und Psyche-Index relativ hoch korreliert, aber mit dem Gesundheitsindex keine Korrelation aufweist (Tabelle 50).

Unsere Erwartung war, dass der Gesundheitsindex mit dem allgemeinen Lebenszufriedenheitsindex hoch korrelieren würde. Der Gesundheitsindex korreliert jedoch mit dem Beziehungsindex und dem Selbstbild. Dieses Ergebnis könnte folgendermaßen erklärt werden: der allgemeine Gesundheitszustand der hochbetagten Personen ist generell schlecht. Das wird als „Schicksal" akzeptiert. Je besser der

Gesundheitszustand aber ist, desto besser werden auch die sozialen Beziehungen und die Bewertung der Selbstwahrnehmung.

Nach unseren Ergebnissen sind die Quellen der allgemeinen Lebenszufriedenheit bei hochbetagten Menschen der psychische Zustand und das soziale Leben. Je besser sie in diesen Bereichen abschneiden, desto höher ist ihre allgemeine Lebenszufriedenheit. Als Fazit können wir sagen, dass „erfolgreiches Altern" in der Lebensphase der Hochaltrigkeit eher ein psychisches und soziales Phänomen darstellt, wobei der Gesundheitszustand dazu einen Beitrag leistet, weil sich durch einen besseren Gesundheitszustand auch soziale Beziehungen und die Selbstwahrnehmung verbessern.

Abbildung 11 zeigt noch einmal anschaulich die Korrelation zwischen der allgemeinen Lebenszufriedenheit (Indikator des „erfolgreichen Alterns") und den anderen vier Indexen. Die Breite der Linien soll die Stärke der korrelativen Beziehung zwischen den Variablen verdeutlichen. Man kann am Gesamtbild erkennen, dass die Lebenszufriedenheit in erster Linie von zwei Faktoren abhängt: „Soziale Beziehungen" und „psychischer Zustand" der Personen. Zwischen dem Gesundheitszustand und den sozialen Beziehungen besteht eine schwache Wechselwirkung, die, wie festgestellt, hauptsächlich im familialen Bereich liegt. Dagegen besteht zwischen dem Gesundheitszustand und Selbstbild eine relativ starke gegenseitige Beziehung.

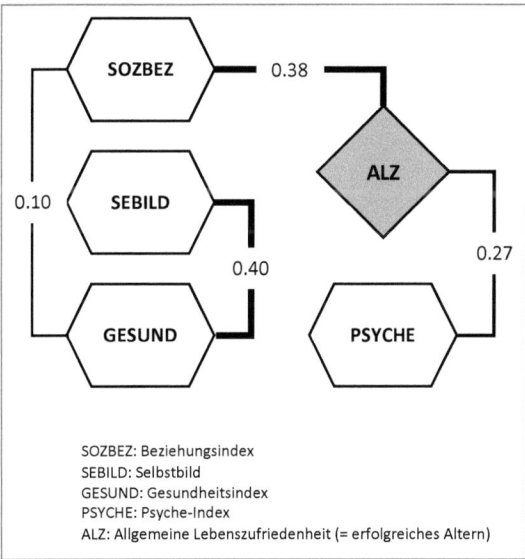

Abb. 11 Die korrelativen Beziehungen zwischen der allgemeinen Lebenszufriedenheit und den Indexen

Zusammenfassende Schlussbemerkungen

5

Nach den Befunden der Untersuchung, die in Nazilli durchgeführt wurde, ist ein „erfolgreiches Altern" in der Hochaltrigkeit möglich. Wir haben Kontinuität in ausgewählten Lebensbereichen als einen Indikator für das „erfolgreiche Altern" angenommen. Dabei wurde ein Zeitraum von 20 Jahren in Betracht gezogen und innerhalb dieses Zeitraums die von Befragten erlebten Kontinuitäten und Diskontinuitäten in ausgewählten Lebensbereichen betrachtet.

Die Untersuchung kam zum Ergebnis, dass das „erfolgreiche Altern" in der Hochaltrigkeit in erster Linie keine Frage des Gesundheitszustands, sondern eher ein psychosoziales Problem ist. Dieses Ergebnis könnte eine Antwort auf die Frage sein, warum hochbetagte Menschen sich nicht beschweren, obwohl man weiß, dass es ihnen gesundheitlich nicht gut geht.

Die Befunde deuten darauf hin, dass im Bereich des Organismus nicht nur subjektive Verluste, sondern durchaus auch – zwar geringe – subjektive Gewinne erzielt werden können. Jedoch stellt sich die Hochaltrigkeit bezüglich der Gesundheit hauptsächlich durch funktionale Verluste dar. Dies kann auch daran erkannt werden, dass die Selbstbewertung des Gesundheitszustandes und die Fremdbewertung desselben hoch korrelieren. Das bedeutet, der objektive Gesundheitszustand der hochbetagten Befragten ist nicht nur eine subjektive Erfahrung, sondern auch eine wahrnehmbare Tatsache. Der Verlauf des Gesundheitszustands stellt sich als eine Diskontinuität dar und somit ist er ein Faktor, der „erfolgreiches Altern" verhindert. Unterschiedliche Maßnahmen, die den Verlust der Gesundheit verhindern bzw. den Prozess des körperlichen Verfalls verlangsamen würden, könnten durchaus auch im hohen Alter einen Beitrag für ein „erfolgreiches Altern" leisten.

Auch deuten die Befunde deuten darauf hin, dass die Selbständigkeit in der Hochaltrigkeit oft wichtiger als der Gesundheitszustand ist. Nicht jedes Gesundheitsproblem schränkt die Selbständigkeit ein. Die Ergebnisse bestätigen, dass Hochaltrigkeit oft mit Hilfe- und Pflegebedürftigkeit verbunden ist. Insbesondere im Bereich der Mobilität sind eindeutige Diskontinuitäten festzustellen. Weil die

© Springer Fachmedien Wiesbaden GmbH, ein Teil von Springer Nature 2019
İ. Tufan, *Langlebigkeit in der Türkei*, Dortmunder Beiträge zur
Sozialforschung, https://doi.org/10.1007/978-3-658-26024-8_5

Einschränkung der Mobilität mindestens Hilfebedürftigkeit hervorruft, stellt sich die Hochaltigkeit gleichzeitig als Lebensphase dar, in der Menschen auf die Unterstützung anderer im hohen Maße angewiesen sind.

Um die gegenwärtige subjektive Zufriedenheit mit der Gesundheit festzustellen, haben wir eine zusätzliche Frage gestellt, die keinen Vergleich darstellt, sondern die derzeitige subjektive Gesundheitszufriedenheit feststellt. Die meisten der Befragten haben innerhalb des betrachteten Zeitraums eindeutig Diskontinuität erlebt. 40 % der Befragten sagen, dass sie mit ihrem gegenwärtigen Gesundheitszustand unzufrieden sind. Dagegen ist jeder vierte mit dem heutigen Gesundheitszustand durchaus zufrieden. Obwohl sich der objektive Gesundheitszustand als schlecht darstellt, nehmen hochbetagte Menschen anscheinend ihre gesundheitlichen Probleme anders wahr oder stellen für sich andere Maßstäbe auf.

Nach unseren Befunden hängt das Selbstbild nicht vom Faktor „Geschlecht" ab. Männer und Frauen zeigen bezüglich der Kontinuität und Diskontinuität kein unterschiedliches „Selbstbild". 20 % der Personen ordnen ihr Selbstbild der Kontinuität zu, der Großteil jedoch der Diskontinuität.

Das Einsamkeitsgefühl scheint ein besonderes Problem in der Hochaltrigkeit zu sein. Die Hälfte der befragten Personen berichten, sich einsam zu fühlen. Jedoch konnte zwischen Einsamkeitsgefühl und Selbstbild kein Zusammenhang entdeckt werden. Die körperliche Verfassung und Selbstwahrnehmung spielen nach unseren Ergebnissen beim Einsamkeitsgefühl keine besondere Rolle. Dagegen hat das Einsamkeitsgefühl Auswirkungen auf die Zufriedenheit mit der Lebenssituation, die sich im Veränderungswunsch der Personen zeigt. Die sich einsam fühlende Personen wollen mehr als die anderen, dass sich ihre Lebenssituation ändert. Die Quelle des Einsamkeitsgefühls scheint in der subjektiv wahrgenommenen Lebenssituation zu liegen.

Nach den Befunden dieser Untersuchung leiden Männer mehr als Frauen unter dem Gefühl der Langeweile. Frauen können sich anscheinend zu Hause besser beschäftigen als Männer. Dahinter können tradierte Geschlechterrollen stehen, die früher für Frauen ein Handicap waren, sich jedoch in der Hochaltrigkeit als Vorteil darstellen. Dies gilt jedoch nur für die Fähigkeit, sich zu Hause selbst zu beschäftigen. Der Unterschied zwischen den Geschlechtern verschwindet, wenn die „tägliche Leistung" in Betracht gezogen wird. Frauen und Männer zeigen in dieser Hinsicht keinen signifikanten Unterschied. Sie haben generell das Gefühl, den ganzen Tag nichts geleistet zu haben.

Hier könnten unterschiedliche Maßnahmen ergriffen werden, die ohne großen Aufwand auch in der Türkei von lokalen Behörden initiiert und finanziert werden könnten. Dabei sollten sie unbedingt auf die Bedürfnisse der Hochbetagten achten, die in der Türkei häufig vernachlässigt werden.

Nach den Befunden dieser Untersuchung leiden Frauen unter den gewählten Dimensionen, wie „innere Spannung", „Sorgen", „nachts aufwachen", signifikant mehr als die Männer. Wenn von diesen Dimensionen ein Index gebildet wird, dann zeigt sich, dass die Mehrheit der Befragten keine permanente Angst hat. Eine von vier Personen hat relativ häufig Angstgefühle. Dies erscheint in Anbetracht der Symptomatik als ein nicht geringer Wert.

Die Rolle der Familie hat sich im Laufe der Zeit verändert. Knapp die Hälfte der befragten Personen sagt, dass sich die Wichtigkeit der Familie erhöht hat. Dies kann zwar unterschiedliche Gründe haben, ist jedoch unter Berücksichtigung des schlechten Gesundheitszustands vor allem dem Verlust der Selbständigkeit und der zunehmenden Hilfebedürftigkeit zuzuschreiben. Deswegen, so nehmen wir an, wird die Familie in der Hochaltrigkeit wichtiger als früher. Das bedeutet, dass die Last für die betreuende Familie größer wird. Die Erhöhung der Wichtigkeit der Familie kann auch mit Verlusten der außerfamilialen Beziehungen zusammenhängen. Andererseits kann man sich durchaus vorstellen, dass der in der Hochaltrigkeit nahende Tod die Prioritäten der Hochbetagten verändert. Die Zeit mit Familienangehörigen zu verbringen bekommt einen höheren Stellenwert.

Bezogen auf die Freizeitaktivitäten haben wir eine Häufung von Diskontinuität für zwei Freizeitbeschäftigungen festgestellt, die als „Religiosität" und „seinen Gedanken nachgehen" bezeichnet worden sind. Die Häufung von religiösen Tätigkeiten ist unerwartet gering. Bewegung („spazieren gehen"), soziale Beziehungen (Verwandte, Nachbarn), Hobby und Besuch von Kaffeehäusern, Gaststätten etc. gehören eindeutig zu den seltensten Freizeitaktivitäten der hochbetagten Menschen. Jedoch sollten „Hobbys" und „Gaststätten besuchen" nicht zu stark bewertet werden, da diese Freizeitaktivitäten allgemein bei türkischen Alten wenig Interesse wecken.

Die Haushaltstruktur hängt vom Familienstand der hochbetagten Person ab. Mehr als die Hälfte der verheirateten Hochbetagten lebt mit ihren Ehepartnern zusammen, getrennt von ihren erwachsenen Kindern. Jedoch vier von zehn Verheirateten leben mit ihren Kindern zusammen. Es sieht nach diesen Befunden so aus, dass sich in der Hochaltrigkeit ein von der Familie abhängiges Leben durchsetzt. Auch bei den Verwitweten ist das Gesamtbild ähnlich. Knapp die Hälfte lebt allein und die anderen leben mit ihren Kindern zusammen. Die alten Menschen können aus unterschiedlichen Gründen mit ihren Kindern unter einem Dach wohnen. Dabei spielt die finanzielle Situation alter Menschen bzw. ihrer Kinder eine wesentliche Rolle.

Die Befunde deuten darauf hin, dass in der Hochaltrigkeit traditionelle Geschlechterrollen ihre Wirkungen beibehalten. Bei acht von zehn der betrachteten Tätigkeiten zeigten die Befragten je nach Geschlecht ein unterschiedliches Antwortverhalten.

In diesem Zusammen sollte nicht unerwähnt bleiben, dass wir über Sexualität keine Fragen gestellt haben. Es wäre aus untersuchungstaktischen Überlegungen heraus unklug gewesen, über Sexualität als Tabuthema Fragen zu stellen. Die Befragung hätte ansonsten kaum ihre Ziele erreichen können. Deswegen haben wir uns entschieden, eine gesonderte Untersuchung über die Sexualität im Alter durchzuführen.

Unsere Befunde zeigen, dass die Hochaltrigkeit in der türkischen Gesellschaft eine mit Problemen behaftete Lebensphase ist. Die meisten der Befragten haben kaum Hoffnung, dass in ihrer persönlichen Lebenssituation eine Besserung stattfinden wird – und infolge dessen haben sie keine Zukunftspläne.

Die Ergebnisse deuten darauf hin, dass Menschen in der Hochaltrigkeit ihre sozialen Beziehungen und ihren psychischen Zustand als Quellen des „erfolgreichen Alterns" nutzen. Die Gesundheit behält zwar ihre Wichtigkeit bei, spielt jedoch beim „erfolgreichen Altern" eher keine wichtige Rolle mehr. Dieser Befund könnte ein Indiz dafür sein, dass in der Hochaltrigkeit manche Prozesse anders verlaufen, als man zunächst erwartet und die Hochaltrigkeit in der türkischen Gesellschaft ein für die Gerontologie weitgehend unentdecktes Terrain ist.

Hochaltrigkeit in der Türkei und Deutschland im Vergleich

Der aktuelle deutsche Diskurs

Auch in der deutschen wissenschaftlichen Literatur ist das Thema „Hochaltrige" erst in den letzten Jahren – parallel zum zahlenmäßigen Anwachsen dieser Gruppe – aufgegriffen worden. Hervorzuheben ist insbesondere die kürzlich vorgelegte Arbeit von Andreas Kruse (Kruse 2017). Zum Zweck der vorliegenden Studie werden drei frühere, empirisch orientierte Schriften herangezogen, die die Lebenslage von hochaltrigen Menschen in Deutschland mit z. T. unterschiedlichen Schwerpunkten beleuchten.

1. Eine Expertise von Amrhein et al. (2014) zur Lebenslage von Menschen im Alter über 80 Jahre in Deutschland, die weit überwiegend auf der Auswertung nationaler, öffentlich zugänglicher Datenquellen, also nicht auf eigenen Erhebungen der Autoren, beruht.
2. Die zusammenfassende Einschätzung der Kommission zur Erarbeitung des siebten Altenberichtes der Bundesregierung (BMFSFJ 2016).

3. Eine empirische Untersuchung an 400 Personen im Alter von 85+ des Instituts für Gerontologie der Universität Heidelberg (Andreas Kruse) im Auftrag des Generali Zukunftsfonds (Generali Zukunftsfonds 2015).

Während sich die ersten beiden Studien überwiegend auf klassische Dimensionen der Lebenslage fokussieren, geht die zweite Studie stärker auf psychische Dimensionen der Hochaltrigkeit und dabei insbesondere auf die Potenzialdiskussion ein, ohne die Grenz- und Vulnerabilitätsdimensionen zu negieren.

Die Lebenslage der Menschen im Alter über 80 Jahre in Deutschland

In der Studie von Amrhein et al. (2014) geht es, dem Lebenslageansatz folgend, insbesondere um die sozio-ökonomische Situation, das Ausmaß sozialer Beziehungen sowie die gesundheitliche Lage der über 80-jährigen in Deutschland. Darüber hinaus werden die Bereiche Freizeit und Ehrenamt, Wohnen im Alter sowie das Thema Pflege beleuchtet. Im Folgenden werden die zusammenfassenden Ergebnisse z. T. wörtlich dargestellt und zitiert.

2011 (zum Zeitpunkt der Bearbeitung der Expertise) lebten in Deutschland 4,4 Mio. Menschen im Alter von 80 Jahren und mehr (5 % der Gesamtbevölkerung). Davon waren 1,484 Mio. Männer (33 %) und 2,917 Mio. Frauen (67 %). Verheiratet waren insgesamt 35 % (darunter 58 % der Männer und 42 % der Frauen), verwitwet insgesamt 52 % (darunter 19 % der Männer und 81 % der Frauen). Der Rest war ledig (7 %) bzw. geschieden (5 %). (Amrhein et al. 2014, S. 2).

Die Studie zeigt für die Lebenslage der über 80-jährigen Menschen ein überaus facettenreiches Bild. Hinsichtlich der künftig weiter wachsenden Gruppe Hochaltriger wird für 2030 ein Anteil von 9,3 % an der Gesamtbevölkerung prognostiziert (Quelle: Statista, Statistik Portal, Zugriff 19.10.2018). „Ausgehend vom Familienstand ergibt sich, dass die weitaus meisten Frauen allein in ihrem eigenen Haushalt leben. Verwitwung, Alleinleben, oft kleiner werdende soziale Netzwerke – dies alles sind Risikofaktoren für Einsamkeit, mangelnde soziale Teilhabe und fehlende praktische Unterstützung. Denn auch im höchsten Alter sind den Menschen ihre sozialen Beziehungen sehr wichtig, wobei enge Beziehungen zu wenigen, vertrauten Menschen bedeutsamer werden als der Kontakt zu einer großen Zahl von Personen. Auf Familienangehörige entfallen die häufigsten Kontakte. Sie haben den höchsten Stellenwert für Unterstützungsleistungen jeglicher Art und gehören zu den wichtigsten Bezugspersonen. Vier Fünftel der Hochaltrigen haben (noch) mindestens ein lebendes Kind, mehr als 90 % haben Enkelkinder. Ledige und Kinderlose verfügen zwar über ein geringeres familiales Unterstützungspotenzial, haben sich jedoch häufiger ein verlässliches außerfamiliales Netzwerk aufgebaut. Insgesamt geben nur 10 % der 65- bis 85jährigen Deutschen an, überhaupt niemanden zu haben, auf den sie sich im Notfall verlassen können. Angesichts sich naturgemäß verkleinernder sozialer Netze dürfte dieser Anteil mit höherem Alter allerdings steigen. Unzufriedenheit mit den eigenen sozialen Beziehungen und vermehrtes Einsamkeitserleben korrelieren überwiegend mit einem als eher schlecht einge-schätzten Gesundheitszustand und einem niedrigen sozio-ökonomischen Status sowie mit einer schlechten Beurteilung des Wohnumfeldes. Das wiederum zeigt, wie wichtig wohnortnahe, niederschwellige Angebote für die soziale Teilhabe sind" (Amrhein et al. 2014, S. 180f.).

Zwar gibt es eine insgesamt gute materielle Situation unter den über 80jähri-gen, aber es fallen Ungleichheiten auf: „Hochaltrige mit Migrationshintergrund und Frauen aus den alten Bundesländern, die insgesamt nur geringe Rentenan-wartschaften erwerben konnten, haben oft sehr geringe Einkommen. Besondere Armutsrisiken kumulieren bei den Alleinlebenden, darunter zu über 90 % Frauen. Steigende Mieten und Energiekosten, Zuzahlungen bei Gesundheitsleistungen oder Kosten für notwendig werdende Hilfen im Haushalt lassen die minimalen finanziellen Spielräume sehr schnell zusammenschmelzen. Für gesellschaftliche Teilhabe, Mobilität oder andere Wünsche zur selbstbestimmten Alltagsgestaltung bleiben dann nur noch wenige Mittel übrig." (Amrhein et al. 2014, S. 181).

„Chronische Erkrankungen und Multimorbidität sind typisch für den Gesundheitszu-stand der großen Mehrheit der Altersgruppe, dabei sind Frauen etwas stärker betroffen als Männer. Demenzerkrankungen nehmen im höheren Alter zu, während schwere Depressionen nicht häufiger als in jüngeren Jahren auftreten. Für Krankenhausein-weisungen sind insbesondere Stürze, sturzbedingte Brüche, Herz-Kreislauferkran-kungen, wie Herzsuffizienz und Schlaganfälle sowie muskuloskelettale Erkrankungen ursächlich. Die subjektive Einschätzung des Gesundheitszustandes verschlechtert sich mit Eintritt in die Hochaltrigkeit rund um das 80. Lebensjahr bei den meisten deutlich. Offensichtlich erreichen sehr viele Menschen in diesem Alter eine Schwelle, an der die Folgen gesundheitlicher Beeinträchtigungen nicht mehr ohne weiteres kompensiert werden können, denn die funktionalen Beeinträchtigungen nehmen stark zu, so dass die Aktivitäten des täglichen Lebens zunehmend zu Herausforderungen werden. Besser gestellten Hochaltrigen fällt es jedoch leichter, damit umzugehen. Sie schätzen ihre funktionale Gesundheit besser ein. Obwohl Reha und Prävention nachgewiesenermaßen auch bei sehr alten Menschen zu Erfolgen führen, erhalten diese nur eine kleine Minderheit" (Amrhein et al. 2014, S. 182).

Hilfe und Pflegebedürftigkeit nehmen bei den über 80jährigen mit dem Alter noch zu, wobei der Anteil der Pflegebedürftigen je Altersgruppe seit Jahren stabil bleibt. „Frauen sind häufiger von Pflegebedürftigkeit betroffen als Männer. Ganz überwiegend werden die Hochaltrigen von ihren Nachkommen in der eigenen Häuslichkeit versorgt. Aber auch unter den Hochaltrigen gibt es viele Pflegende, vor allem wenn es um den eigenen Partner/eigene Partnerin geht. Rund 10 % der hochaltrigen Männer pflegen ihre Partnerin. Die Alternative zur häuslichen Pflege ist das Pflegeheim. Das durchschnittliche Heimeintrittsalter liegt bei 80 Jahren. Rund die Hälfte der hochaltrigen Heimbewohner*innen hat kaum oder keine sozialen Kontakte zu vertrauen Personen. Und somit ein hohes Einsamkeitsrisiko. Die Arbeitsbedingungen in der Pflege bieten nur wenige Möglichkeiten, diesen Einsamkeitsrisiken wirksam zu begegnen" (Amrhein et al. 2014, S. 182).

„Der Alltag im hohen Alter ist meist geprägt von ruhigen Aktivitäten, die zu Hause oft auch allein ausgeführt werden, wie Fernsehen oder Lesen. Das Interesse am Tagesgeschehen ist bei den Hochaltrigen anhaltend ausgeprägt und wird durch Medienkonsum praktiziert. Tätigkeiten, die körperlichen Einsatz und Mobilität erfordern (Sport, Gartenarbeiten, freiwilliges Engagement), nehmen ab, ganz besonders bei sich verschlechternder Gesundheit. Allerdings ist nicht untersucht, in wieweit dieser Rückzug erwünscht ist, vielmehr fehlt es vermutlich an geeigneten Rahmenbedingungen, die fortgesetzte Teilhabe selbst bei Gebrechlichkeit ermöglichen oder zumindest erleichtern" (Amrhein et al. 2014, S. 182).

„Die Teilhabechancen sehr alter Menschen hängen wesentlich ab vom Wohnumfeld und den sich daraus ergebenden Möglichkeiten, und zwar umso stärker, je geringer ihre sozio-ökonomischer Status und ihre Mobilität sind und je schlechter ihr Gesundheitszustand ist. Die meisten sehr alten Menschen bewerten ihr Wohnumfeld positiv, unabhängig von objektiv vorhandenen Lücken oder Barrieren in der Infrastruktur. Rund ein Drittel beklagt jedoch fehlende Einrichtungen für den täglichen Bedarf in der Wohnumgebung. Die meisten sehr alten Menschen leben in nicht altengerechten oder gar barrierefreien Wohnungen oder Häusern. Dennoch sind Umzugsbereitschaft oder zu Wohnraumanpassungen sehr gering. Die ab dem 75. Lebensjahr leicht zunehmenden Umzüge dürften angesichts dieser Einstellung häufiger erzwungen oder zumindest unerwünscht sein. In der Zusammenschau verweisen diese Befunde auf die Notwendigkeit lokaler und regionaler Analysen von Wohnungsbeständen und Wohnumwelten sowie auf Handlungsbedarfe bezüglich der Infrastrukturgestaltung in den Kommunen" (Amrhein et al. 2014, S. 183).

Die Expertise schließt wie folgt:

„Bestmögliche Gesundheit, soziale und gesellschaftliche Teilhabe sowie eine selbstbestimmte Alltagsgestaltung sind die wichtigsten Bausteine für Lebensqualität (nicht nur) in diesem Alter. Die Herausforderung liegt nun darin, die hilfreichen Rahmenbedingungen dafür zu schaffen" (Amrhein et al. 2014, S. 183).

Siebter Altenbericht der Bundesregierung

Auch wenn die Hochaltrigkeit nicht explizit im Mittelpunkt des siebten Bundesaltenberichtes (BMFSFJ 2016) stand, ist das Thema auch zentral gewesen für die Arbeit der Kommission. Zunächst wird der Stand der Forschung referiert, u. a. fußend auf Amrhein et al. (2012) und Kruse et al. (2014). Als ein zentrales Ergebnis kann festgehalten werden, dass im hohen Alter zunehmend die sozialen Netze zusammenschrumpfen, jedoch die Qualität der einzelnen Sozialbeziehungen bedeutsamer wird. Durch die eingeschränkte Mobilität der Hochaltrigen wachsen die Probleme, soziale Beziehungen zu pflegen und zu erhalten und am öffentlichen Leben teilzunehmen. Zu Recht betont der 7. Bundesaltenbericht dabei die Bedeutung sozio-ökonomischer Differenzierungen in wichtigen Dimensionen der Lebenslage selbst in sehr hohem Alter. Zugleich fokussiert er geschlechtsspezifische sowie regionale Differenzierung in den Lebenslagen sehr alter Menschen (BMFSFJ 2016, S. 62ff.).

> „Die meisten Studien zeigen im Alter eine Fortdauer der mit dem sozioökonomischen Status verbundenen gesundheitlichen Ungleichheit, allerdings mit nicht immer eindeutigen Tendenzen für eine Vergrößerung gesundheitlicher Ungleichheit in allen gesundheitlichen Bereichen. Darüber hinaus fehlen umfassende Daten bezüglich Hochaltriger; für Menschen in sehr hohem Alter wird noch am ehesten mit einer Nivellierung der Unterschiede gerechnet, auch vor dem Hintergrund selektiver Mortalität (…). Neuere Längsschnittstudien zeigen allerdings sich im Alter vergrößernde Unterschiede im Zusammenhang mit unterschiedlichem Berufsstatus (…) oder unterschiedlicher Bildung. (…). Leopold und Engelhardt (2011; l.T.) beispielsweise analysierten SHARE-Daten (Survey of Health, Aging and Retirement in Europe) im Hinblick auf einen Vergleich der gesundheitlichen Entwicklungen im Alter (Lebensalter 50–80) zwischen Menschen mit überwiegend überdurchschnittlicher Bildung (gemessen als Anzahl der Bildungsjahre, fünf Jahre über beziehungsweise unter der durchschnittlichen Bildungsdauer). Als Indikatoren für körperliche Gesundheit wurden ADL (activities of daily living: Alltagsaktivitäten wie Aufstehen, persönliche Hygiene und Ankleiden), IADL (instrumental activities of daily living: instrumentelle Alltagsaktivitäten wie die Reinigung der Wohnung, Nahrungszubereitung und Einkaufen) und Mobilität sowie die Anzahl chronischer Krankheiten, subjektive Gesundheit und maximale Greifkraft der Hand gemessen. Als Indikatoren für psychische und kognitive Gesundheit wurden die Anzahl depressiver Symptome, zeitliche Orientierung, numerische Fähigkeiten, Gedächtnis und Kurzzeitgedächtnisleistungen sowie die Sprechgeschwindigkeit gemessen. (…) Im Hinblick auf die Anzahl chronischer Krankheiten, die subjektive Gesundheitseinschätzung sowie Kurz- und Langzeitgedächtnisleistungen verlief die Entwicklung parallel, das heißt dass die gesundheitliche Ungleichheit bestehen blieb". (BMFSFJ 2016, S. 62).

Allerdings besteht in Wissenschaft und Forschung allgemeiner Konsens, dass die heutigen Hochaltrigen im Durchschnitt gesünder sind als frühere Kohorten. Demnach

> „zeigen etliche Befunde, dass sich – bei gleichbleibender oder verlängerter allgemeiner Lebenserwartung – die in Krankheit oder Behinderung verbrachte Lebenszeit durchschnittlich verkürzt hat (‚compression of morbidity'). Von diesen Gesundheitsgewinnen

haben untere Schichten aber kontinuierlich und deutlich weniger profitiert (...). Internationale Befunde sehen auch keine eindeutige Kontinuität hinsichtlich eines Trends der Kompression der Morbidität (...). Im Hinblick auf die Zunahme Hochaltriger wird in Zukunft ebenso mit einer relativen Zunahme von mit Multimorbidität und Behinderung verbrachten Lebensjahren gerechnet. Damit werden die Gesundheitsgewinne der letzten Jahrzehnte, die insbesondere auf bessere Lebensverhältnisse und gesündere Lebensstile (von denen sozioökonomisch Benachteiligte weniger profitiert haben) zurückzuführen waren und zu einer relativen Verringerung von mit Morbidität und Behinderung verbrachten Lebensjahre geführt haben, teilweise wieder aufgehoben (...). Jüngere Daten für Europa weisen tatsächlich auf eine weiterhin kontinuierliche Steigerung der Lebenserwartung hin, die aber in etlichen Ländern nicht gleichzeitig von einer Kompensation durch eine Verlängerung der gesunden Lebenserwartung begleitet wird; dies gilt insbesondere für diejenigen Länder mit der höchsten Lebenserwartung (...). Inwiefern dies möglicherweise auch mit einer Vergrößerung der relativen Ungleichheit in den meisten Ländern (...) in Verbindung stehen könnte, kann hier nicht geklärt werden. Deutschland liegt hinsichtlich der Lebenserwartung ab 65 Jahren (21,2 Jahre) knapp über dem OECD-Durchschnitt (20,9 Jahre), hinsichtlich der gesunden Lebenserwartung ab 65 Jahren (Männer 6,7 Jahre, Frauen 7,3 Jahre) deutlich unter dem OECD-Durchschnitt (Männer 9,4 Jahre, Frauen 9,5 Jahre)" (BMFSFJ 2016, S. 64).

Im Zusammenhang mit der Problematisierung von Altersarmut und auch bezogen auf gesundheitliche Ungleichheiten zeigt der 7. Altenbericht, „dass im Vergleich zu Männern die Lebenslagen von Frauen nach wie vor von geringeren Bildungschancen und einem niedrigeren sozialen Status bei schlechteren eigenen Gesundheitschancen gekennzeichnet sind. Zudem ist aufgrund der deutlich höheren Lebenserwartung von Frauen in Kombination mit der durchschnittlichen Altersstruktur von Paaren der Anteil alleinlebender alter und hochaltriger Frauen größer. Alleinlebende alte Frauen sind erheblich auf ein gut funktionierendes soziales Netz angewiesen und haben ein hohes Risiko, im Pflegefall nicht mehr in der eigenen Wohnung bleiben zu können. Frauen haben mit dem Alter(n) somit ein doppeltes Risiko für Einschränkungen der Lebensqualität: Die sozialen Gefährdungen des (hohen) Alters treffen zusammen mit geschlechtsspezifischen sozialen Gefährdungen (...). Alte Frauen befinden sich deshalb auch häufiger in problematischen Lebenslagen als alte Männer. Dies wird insbesondere in Bezug auf die materielle Sicherung und Autonomie sowie die soziale Vernetzung relevant, wirkt sich aber auch auf die Chancen für eine gute Gesundheit, Pflege und Versorgung aus (...). Männer sind im Alter vergleichsweise seltener und weniger stark von sozialen Problemen betroffen: Sie sind materiell besser gesichert und entsprechend besser versorgt, gehen eher außerhäuslichen Beschäftigungen und Engagementformen nach, die ihren Vorstellungen entsprechen, werden im Pflegefall häufiger zu Hause von der eigenen Partnerin gepflegt und bleiben seltener allein zurück" (BMFSFJ 2016, S. 84).

Der Bericht betont, dass das Geschlecht eine wesentliche Kategorie der Ungleichheit von Lebenslagen im Alter ist und deshalb angemessen in kommunalen Strategien für eine gerechte Alter(n)spolitik abgebildet werden muss.

> „Ländliche Räume, die wir heute als schrumpfende, abgekoppelte, sich entleerende Räume etikettieren, sind auch in diese Lage gekommen, weil die ökonomische Leistungsfähigkeit an anderer Stelle zentralisiert wurde. Prozesse des soziodemografischen Wandels und die Entscheidung, darauf mit dem Rückbau technischer und sozialer Infrastruktur zu reagieren, peripherisieren bestimmte ländliche Räume (…). Für ältere Menschen und Hochaltrige, die in den so beschriebenen ländlichen peripherisierten Räumen leben, bedeutet dies zumeist eine deutliche Einschränkung von Teilhabe. Auch wenn die jetzt ältere Generation im Vergleich zu früheren Generationen mobiler ist, weil der Besitz eines Führerscheins und Autos in ihrer Biografie schon selbstverständlicher war, verlassen Ältere und insbesondere Hochbetagte seltener als andere Bevölkerungsgruppen das Haus (…) und legen geringere Distanzen zurück: Neben gesundheitlichen Problemen, unterdurchschnittlichem Führerscheinbesitz vor allem unter Frauen und Hochaltrigen spielen der Mängel in den Verkehrssystemen eine Rolle, die vom schlechten Zustand der Gehwege über fehlende Barrierefreiheit und zu große Entfernungen zur Haltestelle bis hin zum ungenügenden Winterdienst reichen". Scheiner stellt für ältere Menschen in ländlichen Räumen fest, dass „die mangelhafte Ausstattung des ländlichen Raumes mit (infrastrukturgebundenen) Freizeiteinrichtungen (…) nicht generell zu stärkerer Fernorientierung (führt). Vielmehr besteht im ländlichen Raum eine starke Ortsgebundenheit. Es droht deshalb absehbar der Ausschluss einer zunehmenden Anzahl älterer und insbesondere hochaltriger Menschen von Infrastruktureinrichtungen und aus dem gesellschaftlichen Leben, insbesondere dann, wenn sie fehlende Infrastrukturen nicht mit Hilfe eigener finanzieller Mittel kompensieren können" (BMFSFJ 2016, S. 104).

Die Generali Hochaltrigenstudie

In dieser Studie (Generali Zukunftsfonds 2015) wird insbesondere die oft in öffentlichen Diskursen behauptete Gleichsetzung von Hochaltrigkeit mit Verlusten und Vulnerabilität grundlegend kritisiert und eine differenziertere Analyse von Verlusten und Gewinnen in diesem Lebensabschnitt angemahnt. So wird betont, dass beispielsweise oft vergessen wird, dass rund drei Viertel der Hochaltrigen mit über 85 Jahren noch zu Hause wohnen – und dies oftmals ohne fremde Unterstützung. Vor diesem Hintergrund scheint eine strikte Trennung zwischen einem dritten und vierten Lebensalter nicht möglich zu sein. Auch im vierten Lebensabschnitt stecken demnach noch Entwicklungspotenziale. Die Autoren schlagen deshalb eine Verbindung von Vulnerabilitäts- und Potenzialperspektive vor, die sie u. a. mit einer differenzierten Analyse von epidemiologischen Befunden begründen und anhand von ausgewählten individuellen Lebensverläufen illustrieren:

> „Wir argumentieren hier nicht in Termini des positiven oder negativen Altersbildes. Etwas ganz anderes ist gemeint; nämlich die differenzierte Sicht auf die conditio hu-

mana, die differenzierte Anthropologie zugunsten einer einseitigen, ausschließlichen Konzentration (a) auf das Körperliche, (b) auf die Verluste aufzugeben. Und eine derartige differenzierte Sicht geht auch von den bis ans Ende des Lebens gegebenen Entwicklungspotenzialen des Menschen aus" (Generali Zukunftsfonds 2015, S. 7).

Insgesamt werden in dieser Studie allgemeine Folgerungen zur Altersbewältigung bei sehr alten Menschen gezogen: „Es finden sich sehr unterschiedliche Formen der Verarbeitung und Bewältigung von Anforderungen, Aufgaben und Belastungen. Die sozialen Beziehungen, das Engagement für andere Menschen (,Sorge'), die Möglichkeit, Wissen und Werte weiter zu geben, helfen vielen alten Menschen dabei, mit Anforderungen, Aufgaben und Belastungen besser fertig zu werden – auch mit gesundheitlichen Grenzsituationen, auch mit der eigenen Verletzlichkeit und Endlichkeit. Manche konzentrieren sich im hohen Alter vermehrt auf sich selbst, da sie gerade in dieser Selbstkonzentration eine entscheidende Hilfe bei der inneren Überwindung von Grenzen erfahren" (Generali Zukunftsfonds 2015, S. 26).

Bezug zu den eigenen Ergebnissen

Im Hinblick auf den Bezug des oben Dargestellten zu den eigenen Ergebnissen lassen sich die folgenden abschließenden Aussagen treffen:

- Das empirisch „facettenreiche Bild" zur Hochaltrigkeit in Deutschland findet sich, wenn auch (noch) weniger explizit ausgeprägt, in der Türkei. Im Großen und Ganzen scheint die Hochaltrigkeit in beiden Ländern mit vergleichbaren Risiken in wichtigen Lebenslagedimensionen, aber auch mit ähnlichen Chancen, verbunden zu sein. Es ist zu vermuten, dass die typischen Risiken der Hochaltrigkeit, wie sie sich in Deutschland bereits heute ausgeprägt darstellen, mit zeitlicher Verzögerung auch bald in der Türkei verstärkt auftreten und externen Hilfebedarf nach sich ziehen werden. Schon jetzt sind Anzeichen für künftige Risiken vor allem in den Dimensionen „isoliertes Alleinleben", „geringer werdende soziale Netzwerke", „mangelnde soziale Teilhabe" oder „Einsamkeit" zu erkennen.
- Mehr als nur „Anzeichen" gibt es bei den Gemeinsamkeiten in den Lebenslagedimensionen „Verschlechterung des Gesundheitszustands", „Abnahme der Mobilität", „Reduktion der außerfamilialen Sozialkontakte", beim Armutsrisiko (Frauen sind wie in Deutschland davon eher betroffen als Männer) sowie im Falle des alterstypischen Anstiegs von Hilfe- und Pflegebedürftigkeit. Auch die Abhängigkeit von fördernden Rahmenbedingungen des nahen sozialen Umfel-

des lässt sich in beiden Ländern empirisch bestätigen, wobei die in der Türkei traditionell starken familialen Unterstützungsstrukturen insgesamt noch besser als in Deutschland funktionieren, allerdings ebenfalls hier im Umbruch sind. In beiden Ländern konzentriert sich das Alltagsleben hochaltriger Menschen immer mehr auf die „eigenen vier Wände". Im Falle der (offensichtlich seltener auftretenden) männlichen Verwitwung kumulieren diese Risiken. Auch hier lassen sich Gemeinsamkeiten zwischen den Befunden bei deutschen und türkischen Hochaltrigen erkennen.

- Die Unterschiede sind deutlicher ausgeprägt in den sozialstaatlichen, institutionellen und ehrenamtlichen Sicherungsstrukturen und Unterstützungsmöglichkeiten. In diesen Feldern ist die Lebenslage der Hochaltrigen in Deutschland insgesamt günstiger. Vor allem ihre finanzielle Lage ist besser, was möglicherweise die frühe Einführung der gesetzlichen Alterssicherung und ihre fortgesetzte Ausdifferenzierung widerspiegelt. In der Türkei kann die Alterssicherung „nur" auf eine gut 40jährige Tradition mit einem zudem deutlich geringeren Sicherungsniveau zurückblicken. Während in Deutschland das Armutsrisiko (auch im hohen Alter) mit dem sozio-ökonomischen Status zunimmt, scheint dies in der Türkei eher der Normalzustand des hohen Alters zu sein. Auch wenn in Deutschland derzeit das bestehende Armutsrisiko älterer Menschen mit Migrationshintergrund für die Gruppe der Hochaltrigen noch sehr gering ist, könnte sich dies künftig verändern, vorausgesetzt, auch hochaltrige Migrant*innen bleiben bis zu ihrem Lebensende in Deutschland.

- Mit Blick auf ehrenamtliche und bürgerschaftliche Unterstützung gibt es ebenfalls relevante Unterschiede. Dies ist in Deutschland stärker ausgeprägt, was allerdings auch an traditionellen Handlungsmustern von Wohlfahrtsverbänden, Kirchen etc. liegt. Zwar gibt es auch in der Türkei NPOs (Non-Profit-Organisations), aber für diese sind die Hochbetagten ebenso wie die Älteren insgesamt (noch) keine explizite Zielgruppe, da die Unterstützungsverantwortung für diese in erster Linie den Familien zugewiesen wird. Auch die inzwischen bestehenden (aber deutlich selteneren) Seniorenorganisationen haben das Thema „Hochaltrigkeit" und die damit verbundenen sozialen Risiken noch nicht aufgegriffen. Vor allem in den ländlichen Regionen und Dörfern der Türkei ist „organisierte" Hilfe, d. h. Ehrenamtlichkeit, Nachbarschaftshilfe etc. unbekannt, was punktuelle spontane Unterstützung im Einzelfall nicht ausschließt.

- Die für Deutschland typischen geschlechtsspezifischen Unterschiede lassen sich ebenso für die Türkei nachweisen. In Deutschland leben die meisten hochaltrigen Frauen allein, in der Türkei sind es nur geringfügig weniger. In der Türkei bekommt die Hochaltrigkeit, wenngleich noch nicht so deutlich wie in Deutschland, im wachsenden Maß ein „weibliches Gesicht".

- In beiden Ländern führen die Hochaltrigen ein erkennbar von der eigenen Familie abhängiges Leben. Jedoch ist in Deutschland diese Abhängigkeit im Gegensatz zur Türkei weniger finanziell bedingt, sondern ist stärker von den konkreten sozialen und gesundheitlichen Lebenslagedimensionen der hochaltrigen Personen abhängig und führt auch deutlich seltener zu gemeinsamen Lebensformen. In der Türkei ist zusätzlich noch das höhere Armutsrisiko Älterer Anlass für familiale Unterstützung. Die hier oft fehlenden bzw. ungenügenden sozialstaatlichen und infrastrukturellen Sicherungsangebote führen häufiger zum Mehr-Generationen-Zusammenleben in einem gemeinsamen Haushalt. Knapp die Hälfte der hochaltrigen Menschen lebt in der Türkei – folgt man den Daten des GeroAtlas – mit ihren Kindern und Enkelkindern zusammen. Ganz eindeutig entspricht dies auch den traditionellen Erwartungen der alten und insbesondere der sehr alten Menschen in der Türkei, die in dieser Beziehung deutlich stärker in Richtung auf Familie ausgeprägt sind, was vor allem auf ländliche Regionen zutrifft. Diese sind in der Türkei zwar weitgehend auch kulturell bestimmt ist, spiegeln aber im wachsenden Maße auch die oben erwähnten Lücken in der materiellen wie infrastrukturellen Absicherung wider.
- Stadt-Land-Disparitäten in den Lebenslagebedingungen älterer und hochaltriger Menschen sind in der Türkei – verglichen mit Deutschland – gravierender ausgeprägt. In den größeren Städten haben die älteren Bewohner*innen nahezu alle Möglichkeiten, die in der Türkei vorhanden sind, z. B. Krankenhäuser, Pflegedienste und -heime, soziale Teilhabemöglichkeiten und Freizeitangebote etc. Das darf aber nicht darüber hinwegtäuschen, dass diese Möglichkeiten für viele der Hochaltrigen nur „theoretisch" bestehen, denn in der Praxis werden solche Angebote eher von sozio-ökonomisch bessergestellten Personen genutzt. Dies ist in Deutschland zwar ebenfalls häufig der Fall, aber längst nicht so stark ausgeprägt.
- Eine Diskussion über die Potenziale des Alters, wie sie in Deutschland insbesondere von der 5. Altenberichtskommission angeregt und u.a. von Andreas Kruse (2017) vertreten wird, ist in der Türkei bislang kaum geführt worden. Dies gilt erst recht für die Potenziale sehr alter Menschen. Allerdings könnte man insbesondere im Umfeld des selbständigen Lebens sehr alter Menschen in der Türkei derartige Potenziale erkennen, sie werden hier aber nicht unter dieser Überschrift gehandelt. Insgesamt ist es bislang noch nicht erkennbar, dass sich in der Türkei eine wie für die jüngste deutsche Diskussion typische Öffnung der Gerontologie sowie der öffentlichen Debatte in diese Richtung hin entwickeln wird.

Literaturverzeichnis

Amann, A. (2000). Sozialpolitik und Lebenslagen älterer Menschen. In G. M. Backes, & W. Clemens, *Lebenslagen im Alter: Gesellschaftliche Bedingungen und Grenzen* (S. 53–74). Opladen: Leske+Budrich Verlag.

Amrhein, L., & Backes, G. M. (2007). Alter(n)sbilder und Diskurse des Alter(n)s. Anmerkungen zum Stand der Forschung. *Zeitschrift für Gerontologie und Geriatrie, 40*, S. 104–111.

Amrhein, L., Heusinger, J., Ottovay, K. & Wolter, B. (2014). *Expertise zur Lebenslage von Menschen über 80 Jahren.* Bundeszentrale für Gesundheitliche Aufklärung (BZgA) (Hrsg.). Forschung und Praxis der Gesundheitsförderung, Band 47. Köln.

Atchley, R. C. (1971). Retirement and leisure participation. Continuity or crisis? *The Gerontologist, 11*, S. 13–17.

Backes, G. M., & Clemens, W. (2000). *Lebenslagen im Alter: Gesellschaftliche Bedungungen ud Grenzen.* Opladen: Leske+Budrich Verlag.

Backes, G. M., & Clemens, W. (2013). *Lebensphase Alter: Eine Einführung in die sozialwissenschaftliche Alternsforschung, 4.Aufl.* Weinheim, Basel: Beltz, Juventa Verlag.

Baltes, P. B., & Baltes, M. M. (1992). Gerontologie: Begriff, Herausforderung und Brennpunkte. In P. B. Baltes, & J. Mittelstraß, *Zukunft des Alterns und gesellschaftliche Entwicklung. Akademie der Wissenschaften zu Berlin. Forschunsbericht 5* (S. 1–34). Berlin: De Gruyter.

Baltes, Paul B., Baltes, Margret M. (1989). Optimierung durch Selektion und Kompensation. Ein psychologisches Modell erfolgreichen Alterns. Zeitschrift für Pädagogik 35 (1989) 1, S. 85–105.

Baltes, P., & Baltes, M. M. (1990). Psychological Perspectives on successful aging: the model of selective optimisation with compensation. In P. B. Baltes, & M. M. Baltes, *Successful aging: perspective from the behavioral sciences* (S. 1–34). Cambridge: University Press.

Benesch, H. (1992). *dtv-Atlas zur Psychologie, Tafeln und Texte., 3. Aufl., Band 1.* München: Deutscher Taschenbuch Verag.

Birren, J. E. (1974). *Altern als psychologischer Prozeß.* Freiburg im Breisgau: Lambertus Verlag.

BMFSFJ. (2001). *Dritter Bericht zur Lage der älteren Generation in der Bundesrepublik Deutschland: Alter und Gesellschaft.* Berlin: BMFSFJ.

BMFSFJ. (2016). *Siebter Bericht der Bundesregierung. Sorge und Mitverantwortung in der Kommune – Aufbau und Sicherung zukunftsfähiger Generationen.* Bundestags-Drucksache 18/102010.

Bortz, J., & Döring, N. (2006). *Forschungsmethoden und Evaluation für Human- und Sozialwissenschaftler.* Heidelberg: Springer.

© Springer Fachmedien Wiesbaden GmbH, ein Teil von Springer Nature 2019
İ. Tufan, *Langlebigkeit in der Türkei*, Dortmunder Beiträge zur Sozialforschung, https://doi.org/10.1007/978-3-658-26024-8

Bukow, A. (2000). Individuelle Ressourcen als Determinanten sozialer Beteiligung im Alter. In G. M. Backes, & W. Clemens, *Lebenslagen im Alter: Gesellschaftliche Bedingungen und Grenzen* (S. 187–214). Opladen: Leske+Budrich Verlag.

Bullinger, M. (1994). Streß. In E. Pöppel, M. Bullinger, & U. Härtel, *Medizinische Psychologie und Soziologie* (S. 160–166). Weinheim: Chapman & Hall.

Campbell, D. T. (1957). Factors Relevant to the validity of Experiments in Social Settings. *Psychological Bullettin, 54*, S. 297–311.

Cumming, E., & Henry, W. (1961). *Growing old. The process of disengagement.* New York: Basic Books.

Dibelius, O. (2000). Verwitwung. In H. W. Wahl, & C. Tesch-Römer, *Angewandte Gerontologie in Schlüsselbegriffen* (S. 158–162). Stuttgart: Kohlhammer Verlag.

Dieck, M. (1991). Altenpolitik. In W. D. Oswald, M. Herrmann, S. Kanowski, U. Lehr, & H. Thomae, *Gerontologie. 2.Aufl.* (S. 23–37). Stuttgart: Kohlhammer Verlag.

Ding-Greiner, C., & Lang, E. (2004). Alternsprozesse und Krankheitsprozesse: Grundlagen. In A. Kruse, & M. Martin, *Enzyklopädie der Gerontologie. Alternsprozesse in interdisziplinärer Sicht* (S. 182–206). Bern, Göttigen, Toronto, Seattle: Huber Verlag.

Ellgring, H. (1994). Mensch-Umwelt-Beziehungen. In E. Pöppel, M. Bullinger, & U. Härtel, *Medizinische Psychologie und Soziologie* (S. 219–243). Weinheim: Chapman & Hall.

Erlemeier, N. (2000). Suizidprävention. In H. W. Wahl, & C. Tesch-Römer, *Angewandte Gerontologie in Schlüsselbegriffen* (S. 379–385). Stuttgart: Kohlhammer Verlag.

Evans, D. (2013). *Emotion – eine sehr kurze Einführung.* Bern: Huber Verlag.

Faltermaier, T., Mayring, P., Saup, W., & Strehmel, P. (2014). *Entwicklungspsychologie des Erwachsenenalters, 3.Aufl.* Stuttgart: Kohlhammer verlag.

Finch, C. E. (1990). *Longevity, Senescence and the Genome.* University of Chichago Press.

Friedrich, K. (1995). *Altern in räumlicher Umwelt. Sozialräumlicher Interaktionsmuster in Deutschland und in den USA.* Darmstadt: Steinkopff Verlag.

Fries, J. F. (1980). Aging, natural death, and the compression of morbidity. *New England Journal of Medicine, 303*, S. 130–135.

Generali Zukunftsfonds/Institut für Gerontologie der Universität Heidelberg (Andreas Kruse) (2015). *Der Ältesten Rat. Generali Hochaltrigenstudie: Teilhabe im hohen Alter.* Köln, Heidelberg.

Häfner, H., Beyreuther, K., & Schlicht, W. (2010). *Altern gestalten: Medizin, Technik, Umwelt.* Heidelberg: Springer.

Havighurst, R. J. (1948/1972). *Developmental tasks and education.* New York: McKay.

Havighurst, R. J. (1951). The validity of the Chicago Attitude Inventory as a measure of personal adjustment in old age. *Journal of Abnormal and Social Psychology, 46*, S. 101–107.

Havighurst, R. J., & Albrecht, R. (1953). *Older People.* New York: Longmans Green.

Helmchen, H., Kanowski, S., & Lauter, H. (2006). *Ethik in der Altersmedizin. Mit einem Beitrag zur Pflegeethik von Eva-Maria Neumann.* Stuttgart: Kohlhammer Verlag.

Hillmann, K. H. (2007). *Wörterbuch der Soziologie, 5.Aufl.* Stuttgart: Kröner Verlag.

Jäncke, L. (2004). Neuropsychologie des Altern. In A. Kruse, & M. Martin, *Enzklopädie der Gerontologie: Alternsprozesse in multidisziplinärer Sicht* (S. 207–223). Bern, Göttingten, Toronto, Seattle: Huber.

Kolassa, I. T., Glöckner, F., Leirer, V., & Diener, C. (2010). Neuronale Plastizität bei gesundem und pathologischem Altern. In H. Häfner, K. Beyreuther, & W. Schlicht, *Altern gestalten: Medizin, Technik, Umwelt* (S. 41–65). Heidelberg: Springer.

Kreft, D., & Mielenz, I. (1996). *Wörterbuch Soziale Arbeit, 4.Aufl.* Weinheim, Basel: Beltz Verlag.

Kruse, A. (2017). *Lebensphase hohes Alter: Verletzlichkeit und Reife*. Berlin, Heidelberg: Springer.

Kruse, A., & Lehr, U. (1999). Reife Leistung. Psychologische Aspekte des Alterns. In A. Niederfranke, G. Naegele, & E. Frahm, *Funkkolleg Altern 1: Die vielen Gesichter des Alterns* (S. 187–238). Opladen, Wiesbaden: Westdeutscher Verlag.

Kruse, A., & Wahl, H. W. (2010). *Zukunft Altern: Individuelle und gesellschaftliche Weichenstellungen*. Heidelberg: Spektrum Verlag.

Kruse, A., Schmitt, E., Dietzel-Papakyriakou, M., & Kampanaros, D. (2004). Migration. In A. Kruse, & M. Martin, *Enzyklopädie der Gerontologie. Alternsprozesse in multidisziplinärer Sicht* (S. 576–592). Bern, Göttingen, Toronto, Seattle: Huber Verlag.

Kruse, A., Schmitt, E. & Ehret, S. (2014): Die Generali Hochaltrigkeitsstudie (Langfassung). Köln

Lang, F. R. (2000). Soziale Beziehungen im Alter: Ergebnisse der empirischen Fosrchung. In H. W. Wahl, & C. Tesch-Römer, *Angewandte Gerontologie in Schlüsselbegriffen* (S. 142–147). Stuttgart: Kohlhammer Verlag.

Lang, F. R. (2004). Soziale Einbindung und Generativität im Alter. In A. Kruse, & M. Martin, *Enzyklopädie der Gerontologie. Alternsprozesse in multidisziplinärer Sicht* (S. 362–372). Bern, Göttingen, Toronto, Seattle: Huber Verlag.

Laslett, P. (1995). *Das Dritte Alter. Historische Soziologie des Alterns*. Weinheim, München: Juventa Verlag.

Lehr, U. (1979). Gero-Intervention. In U. Lehr, *Interventionsgerontologie* (S. 1–49). Darmstadt: Steinkopff Verlag.

Lehr, U. (1999). Gerontopsychologie. In R. Asanger, & G. Wenninger, *Handwörterbuch Psychologie* (S. 232–236). Weinheim: Beltz, Psychologie Verlags Union .

Lehr, U. (2003). *Psychologie des Alterns*. Wiebelsheim: Quelle & Meyer.

Lehr, U., & Thomae, H. (1987). *Formen seelischen Alterns. Ergebnisse der Bonner Gerontologischen Längsschnittsstudie (BOLSA)*. Stuttgart: Enke Verlag.

Martin, M., & Kliegel, M. (2005). *Psychologische Grundlagen der Gerontologie*. Stuttgart: Kohlhammer Verlag.

Mollenkopf, H., Oswald, F., Wahl, H. W., & Zimber, A. (2004). Räumliche-soziale Umwelten älterer Menschen: Die ökologische Perspektive. A. KRUSE, & M. MARTIN içinde, *Enzyklopädie der Gerontologie: Alternsprozesse in multidisziplinärer Sicht* (s. 343–361). Bern, Göttingen, Toronto, Seattle: Huber Verlag.

Motell-Klingebiel, A., Wurm, S., & Tesch-Römer, C. (2010). *Altern im Wandel: Befunde des Deutschen Alterssurveys (DEAS)*. Stuttgart: Kohlhammer Verlag.

Naegele, G. (1998). Lebenslagen älterer Menschen. In A. Kruse, *Psychosoziale Gerontologie. Band 1*. (S. 106–130). Göttingen, Bern, Toronto, Seattle: Hogrefe, Verlag für Psychologie.

Naegele, G. (2000). Finanzielle Absicherung und Armut im Alter. In H. W. Wahl, & C. Tesch-Römer, *Angewandte Gerontologie in Schlüsselbegriffen* (S. 393–401). Stuttgart: Kohlhammer Verlag.

Niederfranke, A., Naegele, G., & Frahm, E. (1999). *Funkkolleg Altern, Bd.1, Die vielen Gesichter des Alterns*. Westdeutscher Verlag.

Palmore, E. (1981). *Social patterns in normal aging: Findings from the Duke Longitudinal Studies*. Durham, NC: Duke University Press.

Politzer, G. (1974). *Kritik der klassischen Psychologie*. Köln: Europäische Verlagsanstalt.

Popper, K. (1982). *Logik der Forschung. 7.Aufl*. Tübingen: Mohr.

Rosenmayr, L. (1996). *Altern im Lebenslauf. Soziale Position, Konflikt und Liebe in den späten Jahren.* Göttingen: Vandenhoeck & Ruprecht Verlag.

Rosenmayr, L. (2004). Zur Philosophie des Alterns. In A. Kruse, & M. Martin, *Enzyklopädie der Gerontologie. Alternsprozesses in multidisziplinärer Sicht* (S. 13–28). Bern, Göttingen, Toronto, Seattle: Huber Verlag.

Rowe, J. W., & Kahn, R. L. (1997). Successful Aging. *The Gerontologist, 37(4)*, S. 433–440.

Schlicht, W. (2010). Mit körperlicher Aktivität das Altern gestalten. In H. Häfner, K. Beyreuther, & W. Schlicht, *Altern gestalten: Medizin, Technik, Umwelt* (S. 25–39). Berlin, Heidelberg: Springer.

Schmitt, M., & Re, S. (2004). Partnerschaft im Alter. In A. Kruse, & M. Martin, *Enzyklopädie der Gerontologie. Alternsprozesse in multidisziplinärer Sicht* (S. 373–386). Bern, Göttingen, Toronto, Seattle: Huber Verlag.

Schmitt, R. (2000). Schwierige Lebenslagen. In H. W. Wahl, & C. Tesch-Römer, *Angewandte Gerontologie in Schlüsselbegriffen* (S. 54–60). Stuttgart: Kohlhammer.

Schönpflug, W., & Schönpflug, U. (1983). *Psychologie. Allgemeine Psychologie und ihre Verzweigungen in die Persönlichkeits-, Entwicklungs- und Sozialpsychologie.* München: Urban & Schwarzenberg .

Schroeter, K. R. (2000). Die Lebenslagen älterer Menschen zwischer „später Freiheit" und „sozialer Disziplinierung": Forschungsleitende Fragestellungen. In G. M. Backes, & W. Clemens, *Lebenslagen im Alter: Gesellschaftliche Bedingungen und Grenzen* (S. 31–52). Opladen: Leske + Budrich Verlag.

Schulz-Nieswandt, F. (2006). *Sozialpolitik und Alter.* Stuttgart: Kohlhammer.

Schulz-Nieswandt, F., & Köstler, U. (2011). *Bürgerschaftliches Engagement im Alter: Hintergründe, Formen, Umfang und Funktionen.* Stuttgart: Kohlhammer Verlag.

Singer, T., & Lindenberger, U. (2000). Plastizität. In H. W. Wahl, & C. Tesch-Römer, *Angewandte Gerontologie in Schlüsselbegriffen* (S. 39–43). Stuttgart: Kohlhammer.

Sokolowski, K. (2013). *Allgemeine Psychologie für Studium und Arbeit.* München, Harlow, Amsterdam et al.: Pearson.

Staudinger, U. M. (2000). Viele Gründe sprechen dagegen, und trotzdem geht es vielen Menschen gut: das Paradox des subjektiven Wohlbefindens. *Psychologische Rundschau 51 (4)*, S. 97–185.

Tesch-Römer, C., & Motel-Klingebiel, A. (2004). Gesellschaftliche Herausforderungen des demographischen Wandels. In A. KRUSE, & M. MARTIN, *Enzyklopädie der Gerontologie- Alternsprozesse in multidisziplinärer Sicht* (S. 561–575). Bern, Göttingen, Toronto, Seattle: Huber Verlag.

Tews, H. P. (1971). *Soziologie des Alterns, Bd. 1 und 2.* Heidelberg: Quelle & Meyer.

Theodorson, G. A., & Theodorson, A. G. (1969). *A modern dictionary of sociology.* New York.

Thomae, H. (1973). Kalendarisches und biologisches Alter. Das Problem der Persönlichkeitsveränderungen im mittleren und höheren Alter. *Der Praktische Arzt, 10*, S. 2–5.

Thomae, H. (1987). Altersformen – Wege zu ihrer methodischen und begrifflichen Erfassung. In U. Lehr, & H. Thomae, *Formen seelischen Alterns* (S. 173–195). Stuttgart: Enke Verlag.

Thomae, H. (1998). *Das Individuum und seine Welt. 3.Aufl.* Göttingen: Hogrefe.

Tucker, J. S., Friedman, H. S., Wingard, D. L., & Schwartz, J. E. (1996). Marital history at midlife as a predictor of longevity: Alternative explanations to the protective effect of marriage. *Health Psychology, 15* , 94–101.

Tufan, I. (2007). *Birinci Türkiye Yaslilik Raporu (Erste Altenbericht der Türkei).* Antalya: GeroYay.

TÜIK. (1960). *Türkiye Nüfus Istatistikleri*. Ankara.

TÜIK. (1996). *Türkiye Nüfus Istatistikleri*. Ankara.

TÜİK. (2000). *Türkiye Nüfus İstatistikleri*. Ankara.

TÜIK. (2013). *Türkiye Nüfus Istatistikleri*. Ankara.

Wahl, H. W., & Heyl, V. (2004). *Gerontologie – Einführung und Geschichte*. Stuttgart: Kohlhammer.

Wahl, H. W., & Tesch-Römer, C. (2000). *Angewandte Gerontologie in Schlüsselbegriffen*. Stuttgart: Kohlhammer.

Wentura, D., & Greve, W. (2000). Krise und Krisenbewältigung. In H. W. Wahl, & C. Tesch-Römer, *Angewandte Gerontologie in Schlüsselbegriffen* (S. 49–53). Stuttgart: Kohlhammer Verlag.

Wiendeck, G. (1970). Entwicklung einer Skala zur Messung der Lebenszufriedenheit im höheren Lebensalter. *Zeitschrift für Gerontologie, 3*, S. 215–244.

Witterstätter, K. (2003). *Soziologie für die Altenarbeit – Soziale Gerontologie, 13. Aufl*. Freiburg im Breisgau: Lambertus Verlag.

Zank, S. (2000). Gesundheit und Krankheit. In H. W. Wahl, & C. Tesch-Römer, *Angewandte Gerontologie in Schlüsselbegriffen* (S. 44–48). Stuttgart: Kohlhammer Verlag.